〔韩〕李锡浚 著

韩晓 译

漉酒

山东画报出版社

图书在版编目（CIP）数据

漉酒 /(韩) 李锡浚著；韩晓译. — 济南 : 山东画报出版社, 2020.3
ISBN 978-7-5474-2047-8

Ⅰ.①漉… Ⅱ.①李… ②韩… Ⅲ.①酿酒—图解 Ⅳ.①TS261.4-64

中国版本图书馆CIP数据核字（2016）第273159号

山东省版权局著作权合同登记章　图字：15-2016-70

漉酒

〔韩〕李锡浚 著　韩晓 译

责任编辑　韩　猛
装帧设计　宋晓明

出 版 人　李文波
主管单位　山东出版传媒股份有限公司
出版发行　山东画报出版社
　　　　　　社　　　址　济南市市中区英雄山路189号B座　邮编 250002
　　　　　　电　　　话　总编室（0531）82098472
　　　　　　　　　　　　市场部（0531）82098479　82098476（传真）
　　　　　　网　　　址　http://www.hbcbs.com.cn
　　　　　　电子信箱　hbcb@sdpress.com.cn
印　　刷　山东临沂新华印刷物流集团有限责任公司
规　　格　185毫米×260毫米　1/16
　　　　　　14.25印张　259幅照片　208千字
版　　次　2020年3月第1版
印　　次　2020年3月第1次印刷
书　　号　ISBN 978-7-5474-2047-8
定　　价　85.00元

如有印装质量问题，请与出版社总编室联系更换。

建议图书分类：美食

酒国记忆（代序）

酒是一种奇怪的饮品。古人说，愁得酒厄如敌国。人生忧患多，浓愁如海，一醉解之，那愁人心中，坐拥美酒岂不有如敌国之富？曹孟德也有最著名的一句"何以解忧，唯有杜康"。忧乐相藉而生，解忧也者，当然是为了人生难得的那一份快乐。所以醉中有乐地，壶里乾坤大，"五花马，千金裘"可以一掷换酒的豪情，背后是无所羁勒的自由、纵心肆意的畅达，可以宠辱两忘，可以酣畅淋漓地把自己的形骸都暂抛脑后。之于这份超脱，庄周和列御寇都说，唯有在酒醉中，人可以达到"神全"，不为物化，不为物役。那又真是醉中可以不期而然的境界了。

据说俄罗斯人嗜酒，常有半夜抱一瓶伏特加醉卧雪地者，堪称酒国风范。与饮酒的人自以为的相与枕藉芬芳的幻梦相比，烂醉如泥的酒鬼其实也并不那么惹人厌，酒糟鼻子倒常常增了几分可爱和妩媚。

我不嗜酒，因缘凑泊，却每每遇到难以忘怀的好酒和酒人。邻居偶或送来胶东平度大泽乡的玫瑰香葡萄自酿的酒，香淳之味使人迷恋。问其法，竟与《遵生八笺》所记之法无异，与今天的西洋葡萄酒反而有别。由此我又常企慕山东临朐山村里自酿的柿子酒，虽然从未饮过，却曾饱啖沂山的牛心柿，甘美不可方物，因此更加遗憾没有品尝到用它所酿制的酒。有一年我去拜会安徽寿州一位嗜酒的当地文史专家，见他家中赫然全是泡酒，泡的都是八公山上的各种山果。我那时也不懂酒，猜想那里面兴许也有诸如菊花酒、柏子酒、椒酒等花样吧。

岳父当年也藏了不少陈年好酒。每与妻归省，爷俩温酒小酌，才始发觉酒的真味。就中又有一种三十年的陈年芝麻香，一开坛就香透阵云，温酒时更是香气四溢，入口醇厚，又能瞬间化为一股绵绵无尽的太和之气，始终升腾而蕴藉，无限美好。我因此每与人说，好酒与好茶一样，总要归于"太和之气"四个字上。我们总是各自温上三四两，饮到微醺。然后岳父兴致来了又常常去捧了各种不同的佳酿来叫我抿数口一一品尝，纯酒度数虽高，却毫不伤人，只是一股纯阳之气浩浩然地激荡。岳父常说，一听我说话声量大了就知是喝醉了。他生前曾留给我几瓶陈年土酿，我至今不舍得喝。

青精饭，桃花酒。春水煎茶，松花酿酒。仙家们自诩的仙酒，琼浆玉液，也不过是厌倦了人间的繁华盛极，重回到自然的山林乡野。大羹不和，味无味处求吾乐，也许就是至味了。明清人有诗云"误被村醪引醉乡"，村俗自酝自酿，最堪一醉。酒又被称为甘露，所谓天降甘露，在古人看来，凝如脂、甘如饴的圣物一样的甘露，是"神灵之精，仁瑞之泽"，甘露醴泉，是自然赐予人类的福祉。清代白酒尚有苹果露、山楂露、葡萄露、玫瑰露等名目。清代济南的秋露白，则是一种黄酒，声名之大，今天难以想象。据说有酒客痼瘵不忘，百计求其方，试图自酿。今人福薄，在物质消费时代反而不容易喝到彼时那样淳厚自然的酒了。

也许正因如此，当年我在中韩图书版贸会上看到这册韩国传统自酿酒的书时，倍感惊喜。东方传统种种，在近代被西风吹拂得一败涂地，溃不成军。中日韩等东亚诸国尤其声气相通。酒只是一介饮品，本来微不足道，却也被冲击到让古国后裔的记忆从此中断。当代酒业状况，各国容有不同。韩国的禁私酒令一直持续到今天，有点令人匪夷所思，同时由此而导致的古酒复酿的倡议，不可避免地带上许多民粹色彩。这也可视为近代被击垮的民族自信所激起的一种畸形反弹，但骨子里还是对自身东方传统的一腔缱绻深情。一次偶然的际遇，我与一位韩国学者因为聊了一番两国的酒事，成了无话不谈的好朋友，大家把异日能一起饮酒的约定，当作未来重逢最美好的期待。

古人说"南茶北酒"，中国北方文化的衰落于酒文化上也可见一二。中国的北方，历史上酒的类别曾经异常丰富，今天却似乎只剩下了商品化白酒。对至味的追求不免也悄然让位。酒水饮料，真的成了酒加水的饮料。被损伤的，已经不仅仅是我们的味蕾。韩国朋友看到我们的《中国酒史》一书，也激动不已，连连说韩国已经没有了真正的酒，真的酒在中国。我后来也确曾听说邹平某白酒厂迄今仍存着20世纪60年代的原酒。

我曾问王赛时先生，中国酒中何者最佳，他答黄酒。等读到他的书，才知黄酒文化在明清时代纵贯南北的猗猗之盛。那些最会赏鉴的明清士人，甚至贩夫走卒，我相信他们舌尖上的知味之功力。今天北方的黄酒记忆早已被淡忘，我的祖父辈们偶或会说起那时没事打黄酒喝的故事。与此相仿，我也依稀记得幼时尚常见乡间父老划拳，古人形象地称之为拇战，那样轰然剧饮的豪迈场面，真是可歌可泣。

对于那些渐渐褪去色彩的记忆，我们其实无力挽回什么。我把这本书的名字改为"漉酒"，是希望今天喜欢自酿酒的朋友们能同时保有一份美好的文化记忆，陶渊明随手摘下头上的葛巾，就拿来滤酒。这个故事常常被我们的古人当作绘画的题材。大概手作与生活本来就是一体两面，"浊酒倾来白似浆，葛巾新漉手犹香"，褪去魏晋名士的潇洒与不羁、放旷与达观，今天也许可以让我们从中体味一份生活的质感，以及那种无可无不可的闲适而美好的态度。至于新漉出的酒是否真能让你我重温时光隧道深处的那份酒香，可能要看各自的福缘了。

数年来经营这套林汲书系，结识了许多志同道合的朋友。东方文化传统的兴复，在当下是一件让很多人莫名兴奋的事情。我过去也曾一度沉溺在复古的情结中，后来终于明白，无往而非今，今天也是历史长河中持续飞逝而过的水流。古与今，本来没有界限。我们只是希望，那些曾经的美好的文化和传统能够延续它们的精神命脉，那一颗明月之心能够重新闪耀起灼灼光华。

中国人骨子里有崇古、摹古的情结。自传统中溯得根源，而后循迹于九派分流，终成江海之大，可能才是"与古为新"的光明大路。古意微茫，却也不是了无可觅，然而，因为习惯、时尚、审美标准的选择发生了变化，又往往是古韵咿哑不可听。就如我们把姜白石的自度曲打谱唱出，直到亲耳听到并反复涵泳其中，体认到那份清冷幽寂，才知天壤间曾有此调，那是一种无法想象而又能适情适意地击中你的审美体验。也许这就是所谓集体潜意识里沉在我们每人心底的那份久远的记忆。所以古意长存，它不仅仅是因我们的怀古幽情所泛出的一点幽玄之光芒，还在于因此可以寻绎和体验到当下趣味和审美倾向之外的另一种选择，平其意，大其心，所见也能更多，所得兴会的滋味也能更细腻和丰厚。那首信指如归的旧曲，一经弹起，便惊动人天，仙人倚树听，瘦鹤舞风寒。

前些时，我重去看济南的林汲泉。古般若寺遗址在崖壁高处，人莫可及，仅存了几件未毁面容和色彩的完整的东魏佛像。碑碣或铺阶，或碎断。古泉依旧流淌，却被截断其流，河道久涸。村民支的简陋饭店搭建在寺址上，垃圾堆在山阜。有人砍柴烧火时一度也盗采了许多古藤。区中第一名胜，破败也许是一劫，但它也因之寂寂然地躲开了人为的过度开发，保存一份朴野，以待后人，又未始不是幸事。最所眷顾的林汲泉，是当年周永年林汲精舍故地。斯泉未绝，林壑犹在，环翠不失，到水季依旧飞瀑湍湍……

文化的存续，与山林宿命也是一样，也许无法过多仰赖人力，造化自具伟力，遁藏转化或任无心，汰择终有必然，非一时一代可揣摩量度。即如山中草木，荣悴盛衰，随季流转而已。

岁次己亥，时届中秋，韩猛沐手记于齐州。

前言

市场上没有传统酒

对于韩国人来说，"私酿"是一个令人悲伤的词儿。儿时，每当国税厅的人出现在村口，村子里就会乱作一团。奶奶把罐子顶在头上，焦急地到处寻找藏罐子的地方。妈妈则不停地一边看着村口的动静，一边跟着奶奶快走。一旦被发现，可就麻烦了。为了不被国税厅的人发现，忙着把酒藏到洗手间里、积肥里、廊台里，就是我们那时生活的写照。这就是当时的"私酿管制"。在没有任何预告的管制中，人们战战兢兢地酿着酒。私酿管制于1995年被取消，成了一个时代的回忆。自此，从1909年开始被日本帝国主义所禁止、取缔的家酿酒又重见天日。但这片土地上的酒已经消失了太长时间，不得不说是个遗憾。

酒的历史已长达两千多年。朝鲜时代，家家户户都用各种各样的方法酿造家酿酒，从而产生了美好的家酿酒文化，人们用自己酿造的酒祭祀祖先成了一种习俗。我们祖先不说"喝酒"，而用"吃酒"，这足以说明他们不单是把酒当作饮料，而是当作食物。另外，药食同源思想也浸润到酒中，祖先们认为不是过度酿造的酒可以当作药来使用。我们的祖先对于酒的研究这么精深，那么我们的酒在哪儿呢？

市场上米酒热卖，"初饮初乐""真露"等烧酒泛滥，还有各种洋酒、清酒势头强劲，但真正的我们自己的酒在哪里呢？日本殖民者从1909年开始就禁止韩民族酿造家酿酒，而使日本技术得以流传进来，日本人开设酿酒厂并征收酒税，韩国人需要酒的时候就得买酒喝。对于家家户户都酿制的家酿酒进行管制，使得六百余种家酿酒只有几种流传下来。

现在市场上流行的米酒严格来说是日本酒。酿酒厂制造的米酒采用的不是传统方法，而是沿用日本技术，使用入曲（培养特殊曲菌制作的曲）发酵后再添加酵母剂的方式制成，因而并不是我们的传统酒。稀释类的烧酒是在酒精中兑水，再加入阿斯巴甜制作而成的，更不是我们意义上的传统酒。

我们仍然要找寻"我们的酒"，为时未晚。我们要找到真正的我们的酒，并高声向世人宣布。过去我们的祖先曾经或痛饮或小酌的美酒基本已经消失，反而是一些质地不良的酒混迹于世，所以我们有必要再现、复原我们的酒。我们还要开发适合于现代人口味的酒，并使其走向世界。作为研究传统酒的我们，对于后世，深感责任在肩。

市场上没有传统酒类的书籍

随着米酒的盛行，市场上充斥着一些与传统酒相关的参考书籍，但翻看这些书，我感到无比遗憾，因为没有一本书上有详细的制作传统酒的方法。反而有很多"米酒是什么"等形而上学的图书，实际上，如果读者根据这种书来酿造传统酒的话，是什么也酿制不出来的。

本书则不然，这是一本真正的有关传统酒酿造的书。它不同于书店里陈列着的那些所谓与传统酒相关的书，是一本真正以实践为中心的图书。这本书里毫无保留地记载了我指导后辈以及我自己酿酒时的感受，是一本真正的酿酒指导书。

我们的祖先用传统酒曲制造出了味道幽香、品种多样的酒，这本书里记录的所有酒的制作方法都使用的是酒曲。在制作方法中，不使用日本的入曲、改良酒曲、酵母、阿斯巴甜，只使用大米和传统酒曲，做出味道最上乘的酒。

我们的祖先仅靠传统酒曲就能制作出味道和香味都很优良，又有利于健康的酒，当代人却打着科学的旗号，使用日本式的酒曲入曲、酵母来酿酒，这样酿出的酒不仅没有什么味道，又使用阿斯巴甜（阿斯巴甜对人类有害的说法另当别论）调味，还说这是传统酒，真是让人无语。

本书记录的所有的酒都是使用传统酒曲酿造而成的，我本人在从事传统酒的教育过程中，尽可能地拍摄了亲自制作酒的过程，读者们参照说明和照片，就足以制作出好喝的酒。要知道，我们的祖先可不知酵素、酵母为何物。

让我们的酒走向世界

总之，希望各位读者通过本书能够学会制作传统酒的方法，用心感受我们的酒的味道，并真心希望在各位之中有使我们的东方酒走向世界的优秀匠人。

目录

01 基本篇

传统酒的故事

酒的语源

在韩国，至今尚未有关于酒的语源的明确记载。不少人认为，从酒的酿造过程来推测，酒最初的称谓应该是"Subul（수불，水火）"。而这种称谓主要源于古人对酿酒过程中产生的化学反应所表现出的神秘而惊奇的感受。制作酒时，需要将糯米蒸熟后晾凉，加入酵母和酒曲搅拌，倒入一定量的水进行厌氧发酵（细菌在无氧或低氧条件下能生长得更好的一种性质）。该化学反应是指在这种发酵环境下，无须加热，就自然能达到沸腾状态，并伴有冒泡。古人认为这种现象是"水中无故起了火"，"酒"的名称"水火"便由此而来。

其实更准确的称呼应该是"Mulbul（물불：水火）（韩语固有词标记）"，但因为水（"Mul：물"）在韩语中的汉字词形式是"Su（수）"，人们由此推测"Subul（수불）"可能就是酒的语源。中国宋代《鸡林类事》（由宋朝人孙穆撰写，介绍了高丽的风俗、制度以及语言）中，将酒记录为单名一"Su（水）"字；《朝鲜馆译语》（汉韩对译词汇集）中，有关于"Subon（수본：水本）"的记载；到了朝鲜时代的文献中，又有关于"Suul（수울：水郁）"或者"Sueul（수을：水乙）"的记载。所以根据推测，韩语中"酒"一词，大体经历了从"Subul（수불：水火）"→"Suul（수울：水郁）"→"Sueul

（수을：水乙）" → "Sul（술：酒）"的变化过程。

传统酒的历史

上古和新罗时期的传统酒

上古时代，农业成为产业中的重中之重，"谷酒"就逐渐出现了。也就是说，新罗时代之前，已经有了传统酒的存在，而在新罗时期，就已经开始酿制传统的谷物酒了。

据中国古代文献《三国志·魏书·乌丸鲜卑东夷传》记载，三韩（马韩、辰韩和弁韩）的人们在秋收后所举行的迎鼓、东盟等一系列祭天仪式中，有"昼夜饮酒歌舞"的活动。除此之外，记述新罗时代的史书《三国史记》《三国遗事》等都曾有过关于酒的记录。但朝鲜半岛古代的历史书籍中，并没有留下关于酒的制作方法的文献，后人也就无从知晓酒到底是如何酿造的了。但那时的酒驰名国内外，名声甚至远播至中国。

高丽时代，酿酒技术的发展期

到了高丽时代，多种酿酒技术均步入发展期。从《高丽图经》的有关记载中可以看出，那时的酒有明确的清酒和浊酒之分。除此之外，在高丽时代的资料中也曾出现过关于烧酒的记载，这表明在那个时代已经开始进口外国酒了。蒸馏酒是在成吉思汗的孙子忽必烈远征日本的时候出现的。忽必烈进入朝鲜半岛后,取道开城,将安东作为他们的后方基地,又将济州岛设为其进攻前沿。故此,也就不难理解为什么开城、安东和济州的烧酒尤为出名。

烧酒出现于高丽时代,到朝鲜朝时倍受青睐。据文献记载,朝鲜朝时期的冷藏贮存技术落后,因此用谷物酿造的酒在高温下极易酸掉,不易储存,而烧酒(蒸馏酒)度数高,有效解决了变酸的问题,而且越是门第高贵的人家越喜欢喝烧酒。高丽时代,糯米的生产量低,主要用粳米来酿酒。

朝鲜时代,家酿酒文化的全盛期

到了朝鲜前期,酿酒的主要原料由粳米变成了糯米,据此可推断该时期的糯米种植得到了极大的推广。与此同时,酿酒的技术也日臻成熟,酿造形式从单酿酒(单次酿造的酒)为主转变为以多酿酒为主(经多次酿造的酒),技术逐渐高级化。文献中开始频频出现有关白露酒、三亥酒、梨花酒、清甘酒、浮蚁酒、香醅酒、荷香酒、春酒,以及菊花酒等的酿造记录。

如上所言,朝鲜时代酿酒文化达到了鼎盛。家家户户都有以独家秘方酿制的家酿酒(在家酿造的酒),五百余年的家酿酒文化异彩纷呈。自古以来,祖先们在家祭祀或准备红白喜事的时候,都有自酿酒的习俗。每个地方,每个家庭,都会使用独特的原料做酒曲,或用花,或用果实,或用在山野中寻来的草药做酒的原料。在国土狭小的国度,能酿造出种类如此繁多的酒，简直令人难以置信！仅在韩国文献记载中出现过的酒就有 600 余种，如今能根据记录酿制出的酒有 370 余种。从这些数量繁多的酒的种类中，我们能了解到祖先对酒的独特认知，也能对家酿酒文化知晓一二了。

传统酒不仅是单纯的饮料，而且是一种食物。这从词汇的表现形式中就能窥知一二，不说"喝酒"，而说"吃酒"。正因为酒是一种食物，所以五味调和的酒才是真正的上等好酒。既不寡淡，又不过分浓郁，正是食物的最佳滋味。

家酿酒文化的和谐昌盛、经久不衰，还得益于历代王朝施行的禁酒政策。禁酒政策的施行使酿酒厂偃旗息鼓，而家酿酒却呈现出遍地开花状态，由此多种多样而又独具特色的家酿酒就得以流传下来。另外，我们自古以来就有着根深蒂固的"药食同源"思想，即"食物就是最好的药"。他们在酿酒的时候使用对身体有益的药材做辅料，认为这样既可以保留生药材的固有药效，又能将其融入酒中。适量饮用，可成为有益健康的一味新药。

到了朝鲜朝后期，混酿酒（由多种不同的酒混合酿造而成）技术发展起来，出现了过夏酒（由发酵酒和蒸馏酒混合酿成的酒）和松笋酒（添加松树的嫩芽酿成的酒）等种类。朝鲜时代，与酒相关的文献有《增补山林经济》《饮食知味方》《酒房文》等，这些资料记载了酒的名字与酿造方法。

酒的名字也是五花八门，多种多样。酷似白色霞光的叫百花酒；浮蚁若萍，故称浮蚁酒；绿波酒如绿波荡漾；飘出隐隐莲花香的，称为荷香酒，等等。这都是别有韵味的知名传统酒类。朝鲜时代，随着酒曲酿酒方法的推广与普及，出现了与酿造相关的一系列专业术语。

日本殖民统治时期与美军政期（1945～1948年）以及今天

多种多样的家酿酒在达到全盛期后，却逐渐消亡。1909年我们遭受日本帝国主义侵略，国权沦丧。日本侵略者无情地抹杀了家酿酒文化。不仅如此，他们还设立了《酒税法》，强征酒税，并规定除酿酒厂以外，一律不得擅自酿酒。日本侵略者通过酿酒厂卖酒征税的方式横征暴敛，巧取豪夺，加强对酿酒厂以外的私酿酒生产的管制。本土固有的传统民俗酒逐渐减少，家酿酒文化走向了消亡。

一部分用于祭祀、婚事中的酿酒方法被偷偷地保留下来，这才勉强维持了家酿酒文化的命脉。但即使这样，传统酒在光复以后仍没有立足地位，七十余年的时间里一直没有得到发展。这主要与西方酒的大量进口、粮食不足以及政府征收酒税等有关。后来，用电石（当时照明时使用的化学物质）发酵的电石米酒流行了起来。传统酒的生命只能靠烧酒来维持，而这种烧酒只不过是将酒精放入水中稀释，再加入调料调和而成，这种现状颇让人感觉哭笑不得。

幸运的是，从1980年后开始的粮食产量过剩，以及1988年汉城（今首尔）奥运会的举办为传统酒带来了契机，传统酒开始走上了复兴与开拓之路。1995年不以销售为目的的家庭酿酒方式得到了允许，家酿酒终于重见光明。

2010年，家酿酒又迎来了一次飞跃的机会。政府将目光转向了传统酒的世界化问题，将传统酒由国税厅转到了农林水产食品部管理。该政策的实施，使之前与传统酒相关的各种制约条件都得到了巨大改善。这就意味着不管是扩大农家酒场的规模，还是获得认证许可都变得比较容易。传统酒的销售也从线下扩大到了线上，家酿酒生产者与现有酿酒厂合作生产，打开了新的销路。近来，米酒也趁势而上，由长久以来以面粉为主料酿造的大米米酒、无菌米酒向生米酒转型，从质量上有了大大的改善。传统酒的发展得到了前所未有的重视与期待。

走近传统酒

在我们悠久的酿酒传统中，祖先们不断将酿酒的原理进行科学化总结，尽管他们并未对酒做出过类似现代方法体系的研究。但毫无疑问的是，在历史长河中所沉淀下来的厚重的经验，足以让他们积累酿造出香醇美酒的方法，这些古法也从此传承下来。

日本殖民统治时期，我们传统的酿酒方法大量失传。反日民族解放战争胜利之后，由于粮食短缺等问题，私酿酒还是持续遭到打压。但尽管如此，因为有匠人们坚定不移的守护，酿酒技术才能在夹缝中艰难生存下来。而后来人需要做的就是正确理解祖先们酿造的传统酒，并将其发扬光大。

下面就让我们一起去了解一下酒的酿造原理吧。我们心里肯定会有一大堆疑问，酒需要经过什么样的加工程序，又有什么样的酿造原理呢？把酒曲放进米里搅拌，然后放在坛子里就能成为酒？那这样生成的酒适不适合我们喝呢？如果我们理解了酿酒的原理，那么酿酒就变得容易多了。

酒的原料

人类历史上最悠久的酒是什么？

我们人类制作的加工饮料中，历史最悠久的非酒莫属。那么，哪种酒又是最古老的呢？据说在原始时代，人类的某一位祖先在口渴找水的过程中，偶然在水坑里发现了积存的液体，喝下后，那独特的味道令他兴奋不已，美味的酒就由此被发现了。当时他喝的正是落在地上的葡萄集聚到水坑里形成的液体。而这就是我们今天所喝的葡萄酒。可是，葡萄怎么能变成酒呢？

用口水酿酒

有个叫清水精的日本人，年轻的时候在寺院里修行，与猴子相交甚好，在知道猴子偷偷酿酒吃的事实后感到大为震惊。原因是猴子们竟然知道把山里的橡子和野葡萄放在嘴里咀嚼，然后将其放到某一固定地方，它们就能变成酒，过一段时间，就能饮用。《魏书·勿吉国传》的"嚼米酝酒，饮能至醉"，以及《之峰类说》（1613年）中，姑娘们酿造的"美人酒"以及琉球（今日本冲绳）的"一日酒"都有关于此内容的记载。

从以上两则故事中可得知，酒是用水果类的糖质原料和谷物类的淀粉质原料酿造而成。

糖质原料　葡萄等水果类和甘蔗，糖浆等含有葡萄糖的原料（例：葡萄酒、苹果酒、白兰地等）

淀粉质原料　米、小麦、玉米等谷物和土豆、木薯粉、红薯等主要成分是淀粉的原料（例：米酒、清酒、啤酒及威士忌）

	花	果实	植物茎	植物根	谷类	豆类	草根树皮	动物性原料
主要原料	蜂蜜 花 茎汁	葡萄 苹果 梨	甘蔗 龙舌兰 土豆	红薯	米 （大麦） （小麦） 高粱	咖啡 可可豆	香料植物(香草) 水果 花瓣	牛奶 鸡蛋等
主要成分	葡萄糖 果糖 蔗糖	葡萄糖 果糖	蔗糖 多糖类 淀粉	淀粉	淀粉	香米	香米	香米
酒类	蜂蜜酒 椰子酒	水果酒 白兰地 苹果白兰地	朗姆酒 龙舌兰酒 特基拉酒 烧酒	利口酒	烧酒	清酒 烧酒 药酒 啤酒 威士忌 高粱酒等	苦艾酒利口酒 金酒（杜松子酒）	乳酒（马奶酒等） 利口酒

酿酒的原理

用糖质原料和淀粉质原料酿酒的过程不同。酿酒必须要有葡萄糖。水果类等糖质原料本身就含有丰富的葡萄糖，因此不需要另外的工序来制造葡萄糖，只需放入酵母即可。但谷物类的主要成分是淀粉，这就需要先将淀粉转换为葡萄糖。在酶的作用下，淀粉转化为葡萄糖，然后再放入酵母就可以酿酒了。

按此方法，酿酒时，水果等糖质原料需要添加酵母，米等淀粉质原料则需要添加酶和酵母，而酶和酵母起作用的过程就叫作糖化和发酵。

韩国的传统酒一直以来都是用谷物酿造的。所以如果理解了淀粉的糖化和发酵过程，酿酒也就变得更加简单易行了。

糖质原料　　　　　　　　　　淀粉质原料

韩国《酒税法》中对于"酒"的定义

　　酒类是指酒精（指的是稀释之后可以做饮品的产品。包括内含杂质，不能直接饮用，但经提纯之后可做饮品的粗酒精）与酒精度数 1 度以上的饮料（包括溶解之后内含粉末状物体的饮品。但根据韩国《药事法》的规定，6 度以下的医药酒精不包括在内）。酒精的制造方法大体分为发酵法与合成法两种，合成法制造的酒精不允许饮用，只有发酵法制造的酒精才可饮用。

　　据此，韩国的酒类可以理解成是用发酵法制造的酒精或者酒精度数 1 度以上的饮料。

酿酒原理

糖质原料　　　葡萄糖 ⟶ 酒精
　　　　　　　　酵母（发酵）

淀粉质原料　　淀粉 ⟶ 葡萄糖 ⟶ 酒精
　　　　　　　酶（糖化）　　发酵（酵母）

酒精生产方法

1. 发酵法：谷物或者果实中的葡萄糖在酵母的作用下，产生酒精和二氧化碳的过程就称为"发酵"。

淀粉 n（$C_6H_{10}O_5$）+ 水 n（H_2O）⟶ 葡萄糖 n（$C_6H_{12}O_6$）⟶ 酒精 $2n$（C_2H_5OH）
　　　　　　　　　糖化（酶）　　　　　　发酵（酵母）

+ 二氧化碳 $2n$（CO_2）

2. 合成法：乙烯与水蒸气在高温高压的作用下，经过催化水合法生成乙醇的过程称为"合成法"。

乙烯（$CH_2 = CH_2$）+ 水（H_2O）= 乙醇（C_2H_5OH）

糖化与发酵

想酿出好酒？

　　想酿酒首先要有葡萄糖，而前提是得有足够多的酶将淀粉迅速转化成葡萄糖。换言之，就是好的霉菌即微生物越多，拥有的酶数量就越多，产生的葡萄糖也就越多。所以，微生物的增殖在酿酒中占据着举足轻重的作用。

传统酒的度数很难超过 18 度的原因

　　酵母将糖作为能量，产生酒精和二氧化碳后，机能开始减退甚至消亡，无法继续生产酒精。要想酿造高度数的酒，就得将清酒蒸馏，制成烧酒。

糖化

酿酒一定少不了葡萄糖，没有葡萄糖，酿酒就无从说起。生产葡萄糖的一系列过程称为糖化。

谷物是传统酒的主要原料，其主要成分是淀粉，要先将淀粉转化为葡萄糖，而这时投入的物质就是酶。

发酵

在经过糖化过程的淀粉中加入酵母，便产生酒精和二氧化碳，酿酒的过程就完成了。酵母使葡萄糖分解为酒精和二氧化碳的过程就是发酵。

发酵过程中最重要的就是微生物，也就是酵母。酶虽然能使淀粉转化为葡萄糖，但它并不是微生物，而是霉类产生的一种物质，与此相反，酵母作为一种微生物，能够将葡萄糖分解成 49% 的酒精和 51% 的二氧化碳。这种转化过程称为"发酵"。在酿酒的时候首先要搞清楚酶和酵母的概念，才能酿出好酒。

酵母与酶

分泌酶的曲菌

在豆瓣酱、酱油以及酒中使用的霉菌类称为"曲菌"，能分泌酶。曲菌根据颜色可以分为白色、黄色、绿色以及红色，具体包括以下几种菌。

泡盛曲霉 黑曲菌 菌落为黑色或者黑褐色，与其他的菌相比，淀粉糖化力、蛋白质分解力以及柠檬酸生产力更强，用于酒精制造中。发育温度为30℃~35℃。

白曲菌 黑曲菌变异发酵形成的菌，成活率高，比黑曲菌的糖化力更强，多用于酿造米酒或者药酒中。

黄曲菌 日本酒、酱类（酱油、豆瓣酱、辣椒酱）制造中用到的重要霉菌，含有较强的淀粉和蛋白质分解力。

根霉菌 菌落刚开始呈白色，慢慢变成灰白色、灰褐色。发酵温度在12℃~35℃左右。

酶

酶即为酒曲中的霉分泌产生的非微生物物质，具有分解淀粉的能力。酶是微生物（霉类）及动植物体内的活细胞生产的有机催化剂，与蛋白质或非蛋白质的其他物质结合形成复合蛋白质。另外，酶作用于相对低温的环境（最佳温度30℃~40℃），温度超过80℃就会被完全破坏。其中，α-淀粉酶的作用是将大淀粉分子分解成小淀粉分子，而糖化酶是将分解的淀粉分子分解成更小单位的淀粉分子glucose（葡萄糖）。此时再将酵母放入于葡萄糖中，就能生成酒精。

酵母

在1957年巴斯德发现"发酵是由微生物的作用"之前，人们并不了解究竟是何物在酒的发酵过程中起作用，更别说能知道活着的微生物，即霉菌及酵母能在酒的发酵过程中起作用。不过，祖先们应该是经揣测得知酒曲中的霉类可以在酒中起作用，因此花费了大量的功夫来生产酒曲。

1. 酵母的形态

酵母是形态近乎圆形的椭圆形单细胞，表面由厚厚的细胞壁和细胞膜包裹，内核是细胞质。

2. 酵母的增殖

酵母的繁殖方式是通过细胞的一部分隆起，产生与种子类似的小突起的出芽生殖。母细胞分裂成两个细胞所消耗的时间称为代际时间。其增长速度按照2分4，4分8的几何级数递增。

此时，酵母的代际时间约为1.87个小时（1小时52分钟），大约2个小时增殖一次。

3. 酵母的呼吸

将酵母放入葡萄糖液中，如果在有氧条件下进行培养，酵母进行呼吸作用，此时对酵母的增殖起作用的是糖分；如果在厌氧条件下进行培养，酵母进行发酵作用，此时糖分转化成能量使用，分解成酒精和二氧化碳。

在酿酒初期是采用混合的方式，通过注入大量空气来进行酵母增殖。之后，隔绝空气的进入，使酵母尽可能多地产生酒精，这样酿出的酒质量更佳。酒酿成之后，不再经常进行混合的理由也在于此。

4. 酵母的繁殖条件

酵母作为一种微生物，需要有水、碳源、氮源等资源来维持生命。酵母繁殖所需要的温度约为 22℃ ~ 25℃，PH 为 3 ~ 4 的弱酸性，如果温度超过 35℃，酵母的机能就开始丧失，温度达到 60℃，酵母完全被破坏。

发酵方式

1. 单一发酵方式

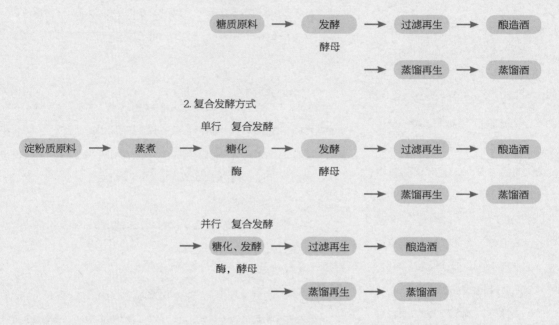

2. 复合发酵方式

单行　复合发酵

并行　复合发酵

发酵的种类

1. 酒精发酵　酵母在分解过程中，将葡萄糖转化为能量使用，同时产生酒精和二氧化碳，这一系列过程称为酒精发酵。

2. 乳酸发酵　乳酸菌与糖接触，产生乳酸的过程称为乳酸发酵，这样的乳酸能将酒醪（米 + 水 + 酒曲等混合而成）的 PH 浓度降为 3 ~ 4，并且有助于酶和酵母的生殖，同时还能阻止一般细菌（在 PH6 环境中繁殖的细菌）的增殖过程，起到防止酒醪内部污染的作用。乳酸是乳酸菌的一种。

3. 醋酸发酵　酒精与空气接触，在醋酸菌的作用下产生草酸的过程称为醋酸发酵。酒精质变为醋酸，酒的酸味加重。醋酸继续发酵，酒就变成了醋。酿酒过程中切记不要污染了醋酸菌。酿酒之前彻底做好酒醪内外部的消毒工作，酿酒过程中尽快将酒精含量提高到 10% 以上，以防醋酸发酵（醋酸最易滋生的酒精含量是 5% ~ 10%）。

微生物的增殖及发酵阶段

微生物在增殖和生产酒精的过程中，经历了如下几个阶段：

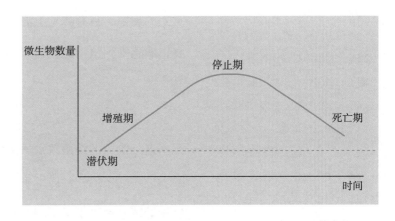

1. 潜伏期

此阶段代谢活动旺盛，细胞体积变大，细菌数量几乎无增。酒曲中的少量微生物没有增殖，体型增大，为增殖做准备。

此阶段无法生成酒精，且极易遭到其他杂菌的污染。因此，这一阶段使用的发酵桶、工具等一定要进行彻底的消毒，水要煮沸冷却后再使用，尤其注意不要被其他杂菌污染。

2. 增殖期

这一阶段，分裂活动慢慢开始，增殖开始急速进行，菌数遵循一定的代际时间增加。即：经过了潜伏期的微生物，在这一阶段会遵循一定的代际时间，以几何级数的方式快速增加。淀粉转化为葡萄糖，葡萄糖转化为酒精等一系列发酵活动旺盛进行。

在此阶段进行发酵，产生酒精。同时伴随着二氧化碳的产生，酒醪内部的谷物也会咕噜咕噜呈沸腾状，酒的表面会有大量气泡堆积，同时发出噗噗的声音。这一阶段不仅有听觉上的震撼，更有味觉上的刺激，尝一口酸酸甜甜的味道，真正能感受到酒精的香和味。

3. 停止期

这一阶段的活菌数量虽然已经达到了最大值，但营养素匮乏，再加之上一阶段产生了大量的酒精和二氧化碳，为微生物继续繁育提供了不利的条件，因此增殖活动无法再活跃进行，菌的死亡期也随之而来。总体来看，这一阶段的微生物数量没有变化。

换言之，经历了增殖期之后，微生物的增殖已达到最大化，随着供给谷物数量的枯竭，微生物增殖进入停滞状态。同时由于上一阶段的微生物产生了大量的酒精，由于酒精度数的升高及二氧化碳的大量产生，给微生物的继续增殖造成了很多限制条件。因此到达这一阶段，微生物不再进行增殖活动，酿酒活动也随之停止，彻底进入了休眠阶段。酒的表面既没有泡沫也不再发出声音。

4. 死亡期

这一阶段，微生物的细胞开始死亡，数量开始减少。也

何谓酿酒时的停止期？

酒母（为培养微生物而放入的发酵剂，对酿酒有重要作用）在停止时，微生物对于酶的糖化与发酵等所起到的作用已经发挥殆尽，其中的谷物已经用尽，如果不追加放入谷物，微生物只能饿死。在这一阶段如果不进行再发酵，会因为酵母菌数量的急剧减少而进入死亡期，致使醋酸菌侵入，产生醋酸发酵，导致酒会变酸。

再发酵的后期发酵阶段是利用放入的水发米饭（利用水蒸气将大米蒸成黏度适中的米饭）将淀粉转化为葡萄糖，酵母菌又将葡萄糖转化为酒精，使发酵过程旺盛；进行一段时间后，由于生成的高度数的酒精而使发酵活动逐渐变缓。此时，酒呈现的状态是，米饭从酒醪的表面沉到底部，清澈的酒浮现到表面上。偶尔会发生二氧化碳气泡破裂的现象，但这种破裂很微弱，也不再发出声音。此时就可以将酒取出来了。

读者们现在或许还不能理解这段文字的意思，但开始亲自酿酒后，反复阅读便会明白。

包酿法

在酿酒方式中，有一种包酿的方法。这种方法就是在低温状态下，在酒醪外面覆盖一层被子来提高温度，让微生物能够活跃运动，以此来提高酿酒的效率。此种方法最大的不足就是微生物的活动迟缓及死亡。也就是说，管理稍有不慎，桶温立刻就会升上去，此时微生物活动变迟缓，酒就会酸掉。

因此就算在寒冷的冬季，也常使用微生物培养而非包酿的方式酿酒。用微生物的增殖方式来酿酒，失败的概率小，而且酿出的酒更美味。

就是说，这一阶段不再加入谷物，微生物结束了"活着"的阶段。一旦微生物的数量开始减少，酒的表面就有了被污染的危险。微生物的死亡并不一定是因为没有放入谷物才产生的，温度太高也会置微生物于死地。

在微生物的宜居温度中，最适宜酵母繁殖的温度为22℃~25℃，超过了这个温度，桶温（发酵桶内部的温度）越高，微生物就越不活跃，最后逐渐走向灭亡。

传统酒的分类

据文献记载，韩国的酒出现于三韩以前，历经了漫长的岁月流传至今。特别是到了三韩之后的高丽时代，多种多样的酒大量出现，朝鲜时代之后，不同家庭不同地方又开发了多种多样的酿酒方法，酒的种类也随着更加丰富多样。

韩国的传统酒大体可以分为米酒类（浊酒类）、清酒类、洋酒类以及烧酒类等。另外根据酿酒是采用一次、两次还是三次的不同酿造次数，还可以分为单酿酒、二酿酒以及三酿酒。韩国的祖先通过长久积累下来的经验，掌握了改变酒母发酵次数的方法生产多种酒的技巧。特别是到了冬季，天气寒冷，微生物活动不活跃，酿酒比较困难。为了解决这个问题，韩国人通过多次酿造来培养微生物进行酿酒。

根据酿造方法分类

单酿酒

通过一次酿造而酿成的酒叫作"单酿酒"。将水发米饭（利用水蒸气将饭蒸得黏度适中）、水以及酒曲混合搅拌放入坛子里，之后将坛子放置在无阳光照射的阴凉地保管，七天之后开封，单酿酒便酿造完成。具有代表性的单酿酒有浮蚁酒、莲叶酒、青阳枸杞子酒、一日酒、三日酒、夏日清酒、东方酒、宝卿家酒、松叶酒、鸡鸣酒、清甘酒、夏日粘酒、竹叶酒、葡萄酒、柏子酒、荷叶酒、白术酒、小米酒、地黄酒、梨花酒等。单酿酒大多是在夏天酿造，夏天温度高，微生物活跃，就算只酿一次也能酿出好酒。

二酿酒

经过两次酿造酿成的酒叫作"二酿酒"。这种制造方式就是先用母酒酿造一遍，之后再用酒醪酿造一遍。即：将粳米磨成粉，加水和成米糊或者米粥，冷却之后放入酒曲搅拌，发酵到一定程度后，将酒醪与蒸饭混合放在坛子里发酵而成。二酿酒的代表性酒有：节酒、杜康酒、清明酒、荷香酒、香醅酒、乳酒、杏花春酒、真酿酒、进上酒、一斗酒、六瓶酒、五壶酒、万年香、沿海酒、集成香（又称集盛香）、小曲酒、碧香酒、绿波酒等。

二酿酒大多在微生物活动比较迟缓的春天以及秋天进行，通过二次酿造的方法，增加微生物的数量，也不失为一种酿酒的好方法。

三酿酒

在进行了一次、二次酿造后，微生物培养达到极大值，然后在第三次酿造中加入水发米饭再酿造的酒叫作"三酿酒"。即：将粳米磨成粉，加水和成米糊、粥或者带孔的糕，冷却之后放入定量的酒曲搅拌，入坛保存发酵，发酵到一定程度之后，用第一次的酒醪再次重复母酒的发酵过程，进行微生物培养，制作成酒母完成酿造后，再用水发米饭进行再次发酵。三酿酒的代表性酒有三亥酒、壶山春、醇香酒、惜吞香、三午酒、一年酒等。

三酿酒大多是在冬天酿造。冬天温度低，微生物的活动极其不活跃，通过再发酵的方法培养微生物，增加微生物的个体数量，使酿酒能更稳定地进行。但三酿酒并非一定要在冬天酿，春、夏、秋皆可，而且这些季节微生物活动相对活跃，酿出的酒酒精度数高，酒香浓郁。单酿酒是酒精度数为 6 ~ 7 度的低度酒，有效期为一周左右，二酿酒的度数为 10 ~ 13 度，有效期为一个月左右，三酿酒以上的酒度数为 17 ~ 18 度，可以保存达一年以上。

四酿酒

先用酒母酿一遍之后，然后进行两次再发酵，接着用水发米饭再进行一次发酵，这样酿四次得到的酒叫作"四酿酒"。四酿酒使用的酿酒方法是微生物培养。接下去还有五酿酒、六酿酒。

过夏酒

在酿造发酵酒的过程中，加入一定量的蒸馏酒而制成的酒便是"过夏酒"。过夏酒提高了原有发酵酒的度数，并且可以长期保存，拥有独特的酒香和味道。

过夏酒是在 1670 年的《饮食知味方》（由生活在庆尚

北道安东和英阳一带的贞夫人安东张氏撰写而成，是第一本
韩文烹饪书）中首次出现的酿酒方法。

根据过滤方法分类

米酒

米酒原是平民百姓喜欢饮用的酒，近来却人气暴涨，受
到了各个阶层的广泛喜爱。米酒就是在浓稠浑浊的浊酒中加
入水，然后过滤着喝的酒。大部分的米酒是单酿酒，用滤酒
篓或网过滤之后可以直接饮用。二酿酒或三酿酒在发酵之后，
通常用滤酒篓罩住，过滤出干净清澈的酒，然后在剩下的酒
糟中倒入水，筛滤之后直接饮用。

二酿酒或三酿酒在发酵之后，也可以不放滤酒篓过滤，
直接将清酒和浊酒混合饮用，这时的酒度数高，浓烈香郁。
如果继续往酒中加水的话，就成了味柔而又别具风味的另一
种酒，即高品位米酒。

清酒（药酒）

从《酒税法》上来看，这两种酒的关系很模糊。清酒原本
是韩国的传统酒，但《酒税法》上却规定，用日本的"入曲"
酿造的透明干净的酒才称为"清酒"。而透明干净的韩国酒则
称为"药酒"。（酒曲与米的比例在1∶100以上的是药酒，比
例不足1%的是清酒，韩国的酒是用酒曲酿造的，所以称为药酒，

而日本酒不用酒曲，所以称为清酒。）清酒（药酒）与米酒相比，质地更加清澈，发酵后需滤酒篓放入发酵桶过滤取出。

烧酒

将过滤之后的清酒上放入烧酒蒸馏器蒸馏，便能得到酒精度数高，并便于长期保存的蒸馏酒。普通发酵酒的酒精度数比较低，不易长期存放，而消解了这种缺点的恰恰是烧酒。

根据添加的材料分类

加香药酒（露酒）

是指为了得到独特的酒香味，在酒里加入花、植物的叶子等材料而酿造的酒。此类酒有松节酒、松叶酒、松花酒、竹叶酒、菊花酒、百花酒、夏叶酒、杜鹃酒等。

药用酒

是指将药用植物放入酒中酿造的有益于身体的酒。茯苓酒、五加皮酒、地黄酒、当归酒都属于此类。

酿酒准备

让我们准备好工具、材料一起酿酒吧。一听说要准备工具和材料，很多人就在心里打了退堂鼓，其实不必想得太复杂。首先要准备好的重要东西就是"酿酒的决心"，剩下的只需要去实践即可。让我们赶紧开酿吧，敢于尝试最可贵。家里没有坛子怎么办？不要犹豫，就地取材使用家里的其他器皿也可。无须多说，赶紧开始吧！用眼睛看和亲自用手去触摸，感觉是完全不一样的。

传统酒与坛子更配？

坛子被认为是传统酒酿造的最佳拍档，但由于坛子又沉又难消毒，所以初次酿酒的人可以使用便于操作的不锈钢产品，熟练之后再来挑战一下用坛子酿酒。

可以用盐坛子、泡菜坛子吗？

霉和酵母等微生物对外界环境非常敏感。其他用途的坛子再用来酿酒的话，微生物不活跃，影响酒的发酵，因此不可使用。另外，用过的坛子不管洗得多干净都不可再用来酿酒，因为坛子上有一些微小的呼吸口，在这之中寄生着无数的细菌，而且坛子上无法清洁和消毒的部分和渗透的其他味道，严重影响酒的味道和香气。

所以酿酒尽可能使用新坛子，即便使用酿过酒的坛子，也一定要将其彻底清洗、杀菌、消毒之后再使用。

工具

发酵桶　发酵桶包括酿酒以来最常用的坛子、最近比较流行的不锈钢桶、塑料桶、玻璃瓶及木桶等。各种工具各有优劣，在选择时要格外注意。

在选择发酵桶的大小时，要充分考虑所放内容物的容量，不要选择与盛放内容物容量相差太大的容器，以内容物占据桶的2/3容量大小为最佳。发酵桶中的剩余空间太多，容易被空气中的其他杂菌污染。所以在选择发酵桶之前，要事先量好酿酒用的米水量再做决定。有时候发酵桶需要留出一半的空间，以便做酒母时，避免因沸腾而溢出。

铜盆　淘米之后过滤水用的铜盆有大、中、小三种型号，只要根据实际需要购买产品即可，当然，最好是购买不锈钢产品。

发酵桶优缺点分析

区分	优点	缺点
坛子	先民酿酒时就开始使用的传统容器，坛子表面有呼吸孔，空气流通顺畅，为微生物繁殖提供了适宜的环境。 性质相对温和，对外部环境变化反应不敏感，适合微生物的繁殖。	坛子内外部的消毒杀菌工作困难。 大容量的酿造工作比较困难，无法安装大规模的机器设备。 沉重易碎。
不锈钢	发酵桶内外部的杀菌、消毒方便。 机器设备安装容易。	桶壁薄，对外界温度变化反应敏感，不利于微生物的繁殖生长。 铁的成分降低了微生物的繁殖量。
塑料	轻便。	产生环境激素。 容器的杀菌、消毒成问题。
玻璃瓶	透明，可以直观观察酒的发酵过程。	易碎。 对外界温度变化反应敏感。 容器的杀菌、消毒成问题。
木桶	对外界环境反应不敏感，适合微生物的繁殖。	容器的杀菌、消毒成问题。 很难再次利用。 容器沉重，移动不便。

蒸锅　　　　筛子　　　　水壶

漏斗　　　　过滤网　　　　饭铲

滤酒篓　　　　量杯

温度计

蒸锅　做蒸米时用到的工具，大小分为半斗用、一斗用。为了蒸米饭方便，尽可能选择大的锅。

筛子　用此工具筛出均匀的米粉。分为木制筛子和不锈钢筛子，不锈钢产品不生锈，比较卫生。

水壶　烧水时用到的容器，10L 容量的水壶最合适。

漏斗　将发酵完成的酒装瓶时用到的容器。

过滤网　通常用做韩服内衬的料子来做过滤网。首先用滤酒篓将清澈无杂质的酒过滤出来，在过滤剩下的酒时，先将蒸锅消毒，然后将过滤网套在蒸器上，把发酵桶中带酒糟的酒舀出来放在过滤网挤压过滤。

饭铲　饭铲要彻底消毒之后再使用。有木制和不锈钢两种，木制的如果不擦干净就再使用，容易滋生细菌，要格外注意。

滤酒篓　酒发酵到一定程度便结束了。此时能将清澈无杂质的酒过滤出来的工具就是滤酒篓，滤酒篓大部分是用竹子编织成的细长圆筒状。滤酒篓在使用之前，要放在蒸器上多蒸几次，否则将其装在酒桶上，竹木的味道会渗进酒里。

量杯　市场上的量杯有 1L、2L、3L 的规格，最常用的是 1L 与 3L 的。

温度计　发酵时衡量发酵桶内温度的工具。

容器杀菌消毒的方法

稻草火消毒

广为使用的消毒方法，是将洗干净晾干的坛子放在稻草火上烘烤消毒。这种消毒方法的优点是利用滚烫的烟气能将坛子出气孔中的杂菌都彻底消灭干净。缺点是如果坛子很大，要将稻草火扔到坛内燃烧消毒，稻草燃烧殆尽剩下的灰，必须用煮沸的水经过多次清洗才行，费时费力。

蒸馏酒消毒

将50℃～60℃的蒸馏酒倒入喷雾罐中，喷洒到要消毒的工具上进行消毒。此种方法可以用在上述蒸汽消毒之后的二次消毒中。另外，还可以将在市场上销售的乙醇装入喷雾罐中喷洒消毒，但市场上销售的乙醇是化学药品，所以消毒之后的工具要用干抹布擦干净后再使用。

蒸汽消毒

　　将器皿里的水煮沸，然后把坛子倒扣在器皿上，用滚烫的水蒸气给坛子内部消毒。用水蒸气对坛子进行消毒处理比较简便。但存在的问题是，如果坛子太重，将很难倒扣在器皿上。在家里操作时，可用砂锅将水煮沸，然后将坛子倒扣在上面消毒，直到坛子最上面的部分烫手为止。

煤气消毒

　　将煤气开到弱火，把坛子等容器倒扣在上面，用热气对坛子内部进行消毒。但用这种方式消毒要特别小心，稍不注意，坛子就会碎掉。

煮沸消毒

　　对不锈钢桶进行消毒的方法是在桶内倒入一点水，将桶放在火上，通过水沸腾的方式进行消毒。这样很容易就能实现桶内消毒。

新米与酒

酒要用新米才能酿出醇正的味道。就算不是秋收的新米，也一定要用一年之内生产的米。最新加工的米酿出的酒味才正宗。陈米放置的时间太长，生命力减弱，再发新芽的能力下降，淀粉组织干结硬化，有一股陈旧的味道，无法酿造出上等好酒。

米的加工精度与酒

将稻谷脱皮生产白米的时候，米表面（外皮）的蛋白质和脂肪成分含量会影响酒的品质。所以为了酿出好酒，要加工之后再使用。加工之后的米吸水能力提高，淀粉结构松弛软化，加入酶后易分解，可以在短时间内转化成葡萄糖。

韩国一般是用加工精度在 11 度以上的精米酿酒，而日本则是使用精度更高的的米(40% ~ 60%)酿造，或单单为了酿酒而单独栽培新的稻米使用。

地下水能不能用来酿酒？

从深山沟里提取的溪水、矿泉水、自来水等没有被污染的地下水都可以用来酿酒。但一定要煮沸后再使用，以防污染。煮沸之后的水，有效成分仍会保留其中。

材料

酿酒的时候，如何使用原料以及发酵剂，是关乎酒的成败以及左右酒香和味道的重要条件。

米等谷物

米等谷物类是由多聚糖淀粉组成，因此用来酿酒时，需要多加一道工序。即加酶将淀粉转化为葡萄糖。为了在尽可能短的时间，制造出更多的葡萄糖和酒精，要选择淀粉容易分解的谷物来酿酒。

新米比较适合酿酒，在韩国，加工精度在 11 分以上的精碾米，淀粉分解快，是酿酒用的好米，用这种米酿出的酒味道也更加香醇。

好水

要说酒 80% 以上的成分是水，绝不是妄言，水在酒中占有绝对重要的地位。那什么样的水才算得上好水呢？毋庸置疑，最重要的一点就是没有细菌。被细菌污染的水能够腐蚀酒，因此酿酒用水一定要是煮沸冷却的水。另外，无色透明、无杂质、呈中性或弱碱性、含有适量有效成分的水才是好水。

总结而言，所谓好水就是含有适量有效成分（含有微生物繁育和发酵必不可少的钾镁无机质以及酶的萃取和维持稳定性上所需要的钙和氯），煮沸冷却后可使用的水。

酒曲

酒精发酵需要微生物，而酒曲的作用就是为微生物群落提供"房子"。将米粉、小麦等谷物粉碎与水混合搅拌成型，然后自然暴露在阳光下，空气中的野生霉菌开始繁殖。在这些繁殖的野生霉菌中，有可以将谷物中的淀粉分解生产葡萄糖时所需要的霉类，也有把葡萄糖转化成酒精所需要的酵母，形成微生物群落的房子。

酒曲可以从专门的酒曲生产工厂购买，也可以自己做。工厂中制造的酒曲由于是批量生产，风味比较单一。自己制作酒曲时，可根据自己的需要来制作，这样酿出的酒独具特色。

在本书里面，我们将以传统酒曲为核心，对韩国简单易学的酿酒方法进行说明。有关酒曲制造方法的相关说明将在酒曲篇中详细讲述。

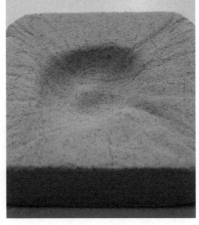

淀粉知识详解

粳米与糯米

淀粉由直链淀粉和支链淀粉两种物质组成。粳米是由 15% ~ 30% 的直链淀粉和 70% ~ 85% 的支链淀粉构成，组织比较坚硬。与糯米相比，用粳米酿出来的酒甜味更少，味道更加清爽干涩。

糯米中几乎没有直链淀粉，绝大部分是支链淀粉。糯米的组织比粳米更软，容易被破坏发生糖化。另外，淀粉成分中还多少残留着一些非发酵成分的糖，所以比用粳米酿出来的酒更甜。

想酿出绵甜清婉的酒，就要提高糯米的比例；想酿出清爽干烈的酒，就用粳米酿造。

能用糙米或黑米酿酒吗？

糙米是几乎没有经过加工的米，外皮很硬。酿酒时需要酶分解米的淀粉制成葡萄糖，酵母才能利用葡萄糖生成酒精。由于糙米的外皮很硬，容易出现酶不能充分分解淀粉组织的问题，又或者容易出现酿出的酒变酸导致酿酒失败的问题。

黑米的构造非常硬，很难应用于酿酒。此外，美国产的米和中国产的米淀粉组织也很硬，很难用于酿酒。

因此，如果用这些米酿酒需要在水里浸泡 12 个小时以上或制成粉，打破米的淀粉结构，使酶能容易分解淀粉。

淀粉的糊化与老化

淀粉的糊化与老化是酿酒中非常重要的部分。谷物的主要成分淀粉只有快速分解掉，才能产生大量的葡萄糖。为了让淀粉能够快速分解，而对淀粉进行加热促熟的过程就称为"糊化"。糊化了的淀粉经过一段时间会变硬，这就是"老化"。糊化的过程进行得越顺利，淀粉的结构就越容易被破坏，相应地，加入酶之后葡萄糖产生的速度就越快。反之，淀粉进入老化期后，葡萄糖的产生速度就变得越来越慢。

淀粉的糊化过程

1. 吸收水分：将米洗干净，浸泡在水中，吸收 20% ~ 30% 的水分。

2. 膨胀：往米里加热的话，米吸收的水分便会变成气体膨胀，淀粉的结构也会随之膨胀。

3. 解体：膨胀的淀粉受热之后开始转向解体，黏度增加。

淀粉的老化

直链淀粉的含量越多，老化速度就越快，粳米就属于这种情况。温度越低，老化越快，颜色越浑浊，黏度也会越来越低。

计量单位

美酒佳酿的米水比例

根据古典文献记载，酿酒时米跟水按照 1：1 等量配合酿出的酒最美味。就算到了今天，从经验上来说，这种比例酿出的酒也最美味。只是单位都统一成体积单位"L"，调配起来更加便利。

也就是说，按照旧制的计量方式，一升米与一升水是 1：1.8，因此难以进行等量配料，为了便利起见，本书的计量单位都统一成现在国际计量单位"L"，也就是说 1L 体积的米与 1L 体积的水等量使用，这样在酿酒的时候既方便又不会混淆。

1 瓶 =4 ~ 5L

1 碗 =1 ~ 1.8L

1 铜碗 =1 ~ 1.8L

1 酒壶 =1 ~ 1.8L

1 罐子 =10 ~ 18L

本书中标识的所有单位均统一为 L（升），韩国古制的升、斗与 L 的换算关系如下：

米 1 升 =800g=1L

米 1 斗 =8kg=10L

水 1 升 =1.8L

水 1 斗 =18L

虽然米和面粉都可以用重量单位 kg 来表示，但由于各种材料的含水量不一，所以重量也不尽相同，因此在酿酒的时候更适合使用体积单位来表示，而且比用秤称更便捷。不过也有例外，酒曲是一个个的块状，并非像面粉一样均匀平铺，所以不能用体积来衡量，只能用重量单位来标记。

现代用的量杯通常用"升"或者"L"来标识。在过去，米的古典计量单位有合、升、斗、石等，如今都统一用"米"制，韩国古制计量用语逐渐退出了历史舞台。

酿酒时的身心准备

有记载称，古时候韩国祖先在酿酒的那天，会特意清洗干净身体，并换上新衣。不仅要外表穿戴整齐，还要将内心也一并清理干净之后才能开始酿酒。酿酒时，只有洁净身体和内心，才能酿出上等好酒。

热爱那些微生物吧！酒非人造，而为微生物所酿制。在酿酒的时候一定要像爱护我们的身体一样爱护微生物。我们喜欢的东西，微生物也喜欢；我们讨厌的东西，微生物也讨厌。如果你不去关注和热爱微生物，那是不会酿出好酒的。

人们不喜欢的污秽环境，微生物也不喜欢；人们不喜欢的温度，微生物也不喜欢。酿酒的时候一定要谨记一点：与微生物共享我们喜欢的环境！只有这样，才能酿出名酒佳酿。

初期管理很重要

酿酒的时候，初期管理是最重要的。在酿酒的初期阶段，糖化还不充分，酒精还未产生，很容易遭到杂菌的污染。如果不做好管理工作，酒就会酸掉。酒醪内部的酒精度数至少得维持到 10 ~ 14 度才行，否则杂菌入侵，就会污染发酵桶，酒醪（米 + 水 + 酒曲等混合而成）内部就会腐败酸化，无法酿成酒。所以为了酿出好酒，不仅要保证发酵槽是干净的，还要对经常使用的工具等进行彻底的杀菌和消毒。

为了酿酒的成功，需要严格遵守下面各个事项：

1. 清洁双手，并用干毛巾擦干

要做好手指甲的卫生清洁工作，不涂抹指甲油。手上沾水时千万不要碰酿酒工具或者酒醪。

2. 工具一定要杀菌消毒之后再使用

坛子等容器如果不进行消毒使用的话，附着的杂菌就会污染里面的酒，所以坛子等发酵桶一定要进行彻底的清洁、杀菌、消毒之后再酿酒。发酵桶放完酿酒材料剩下的部分，也要用蒸馏酒杀菌，再用抹布擦干净，以防被杂菌感染。

不单是发酵桶，只要是酿酒用到的一切工具都要进行彻底的杀菌与消毒。在使用工具的时候，要使用沸水或者蒸汽进行消毒。如有需要，就用 60 度以上的蒸馏酒放在喷雾器中喷洒消毒。总之，只有彻底消毒之后，才能阻止杂菌侵入，才能安全地酿出好酒。

以下主要分四部分来介绍简单易学的酿酒方法。

　　本书将以图文结合的方式详细介绍酿酒过程，大家只需要一一跟着做就能成功。哪怕一点儿酿酒经验也没有，照样能酿出独具风味的传统酒。乍一听"酿酒"一词，多数人难免望而却步，但简单说明之后，大家就能轻松掌握酿酒的技巧。接下来，只需要放心大胆地跟着说明一步一步进行就可以了。

　　现在我们已经认真学过了一遍有关酒的知识。接下来让我们直接动手酿造吧！

　　味道会如何呢？

02 酒曲篇

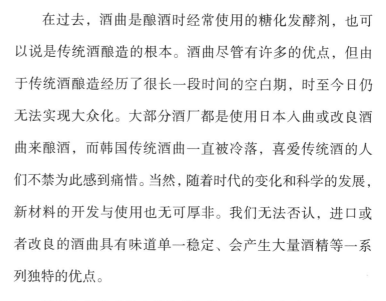

酒曲的故事

　　在过去，酒曲是酿酒时经常使用的糖化发酵剂，也可以说是传统酒酿造的根本。酒曲尽管有许多的优点，但由于传统酒酿造经历了很长一段时间的空白期，时至今日仍无法实现大众化。大部分酒厂都是使用日本入曲或改良酒曲来酿酒，而韩国传统酒曲一直被冷落，喜爱传统酒的人们不禁为此感到痛惜。当然，随着时代的变化和科学的发展，新材料的开发与使用也无可厚非。我们无法否认，进口或者改良的酒曲具有味道单一稳定、会产生大量酒精等一系列独特的优点。

　　但祖先们几千年来都执着于使用传统酒曲酿酒，一定有其道理可言。因此，对于忽略祖先的经验，举着科学化与产业化的旗帜，一味抵制传统酒曲，偏执地相信进口的做法，我们认为也不尽可取。

　　市场上的米酒大多数是用从日本进口的白曲菌制造入曲酿造而成，真让人感到痛心。

　　法国的葡萄酒今日之所以能享誉世界，是其坚守并传承数千年的酿酒传统并努力做出改善的结果。每当反思韩国自身的现实，也许就只剩下惋惜了。韩国在很久之前就开始使用酒曲酿酒，这些酒形成了不同的酒种并发展成为具有韩国特色的酒。这正显示出酒曲的价值之大。

何谓酒曲

将米粉、小麦等谷物粉碎与水混合搅拌成型之后，自然暴露在阳光下，空气中的野生霉菌便开始繁殖。在这些繁殖的野生霉菌中，有可以将谷物中的淀粉分解生产葡萄糖时所需要的霉类，也有把葡萄糖转化成酒精所需要的酵母，形成微生物群落的房子。

酒曲是由全麦或者在米粉、面粉中加入适量的水混合制造而成的一种"曲"，成型之后的酒曲放置在自然条件下能促进曲菌类的繁殖、生产各种酶；同时，为大自然中的各种野生酶和酵母的繁殖提供场地；另外，许多野生酵母也能随之繁殖。酒曲不仅成为酒母的母体，也是发酵剂中的一种。

朝鲜时代文献中记载的多种酒曲制造方法

《饮食知味方》（1670年）梨花酒酒曲制造法：

将白米3斗洗净放在水里浸泡一晚，然后重新洗干净碾成细末，之后做成拳头大小的团子并用稻草捆好，装进草席中并放置在热炕上，经常翻转直到变成金黄色。使用的时候剥掉外皮并研磨成粉。初次制作时，如果水放得太多就容易腐烂。

香酝曲的制造法：

将制造酒曲用的小麦磨成粉无须过筛，在每组中各放一斗，然后放入一合磨好的绿豆粉搅拌制作而成。

1. 酶是酒曲中的菌类分泌产生的物质，不是微生物。

2. 酒曲中霉菌有白色、黄色、绿色、黑色等，根据颜色的不同可以分为黄曲菌和黑曲菌，这些菌类生产各种酶并分解淀粉形成葡萄糖。

3. 酒曲中所含的菌类越多，产生的酶就越多，也就可以将更多的淀粉快速地转化成葡萄糖，因此酒曲中霉的数量在酿酒中占据重要的地位。

入曲及改良酒曲

酿酒时除了可以使用酒曲做糖化发酵剂之外，还可以在市场上购买入曲和改良酒曲使用。那么，酿酒时用哪个比较好呢？

入曲　将淀粉质原料蒸煮后，人为接种培养特定种曲的一种日式发酵剂，形态为散状酒曲。入曲的作用是分解淀粉、增加酒的香气，以及防止酒醪（由米+水+酒曲等混合而成）的内部污染。使用时需另外搭配酵母使用。入曲中使用的白曲菌是由黑曲菌变异而形成，是日本人在酒曲中发现并培养的菌类。

助酵素剂　1960年以后开发使用，也被称为"改良酒曲"，蒸煮麦麸或淀粉质原料、或者带皮直接杀菌。通过人工方式，能够促进糖化酶生产菌繁殖的颗粒状产品。

精制酵素剂　是在固体和液体培养基中培养糖化酶生成菌。提取、分离可以糖化分解淀粉质的酶，用于酿酒。

助酵素剂和精制酵素剂虽然也可用于第一轮酿酒中，但通常大部分是作为入曲的辅助剂使用，增强了因入曲酿酒的不均衡性而造成的糖化力不足，提高了发酵的稳定性。

入曲　　　改良酒曲　精制酵素剂

各种发酵剂的优缺点分析

	优点	缺点
酒曲	多种菌类繁殖，赋予酒浓厚而丰富的香与味。 和酵母一起繁殖，无须另外投入酵母。 有残留的糖分，味道温和柔香。	糖化力只有300sp稍显微弱。 酒精生产量低，生产消耗的时间长。
入曲	在蒸煮的原料中直接培养菌类，曲本身就是原料。 能生成大量的酒精。 白曲菌的活性生产能力可以防止酒醪被污染。 酒味单一固定，可以大量生产。	只使用一种菌，味道单一。 能大量生产酒精，不会有残留糖分，因此需要添加人工添加剂来调和味道。 需要另外投入酵母。 糖化力660sp。
助酵素剂和精制酵素	糖化力600～15000sp以上。 酒精生产速度快。 可大量生产酒精。	只使用一种菌，味道单一。 能大量生产酒精，不会有残留糖分，因此需要添加人工添加剂来调和味道。 需要另外投入酵母。

1sp是指1g酵母分解1g淀粉时产生的葡萄糖。糖化力为300sp的意思是，用1g的酶分解300g的淀粉时，产生的葡萄糖。

酒曲存在的问题

酒中残留大量的酒曲香味。
味道不固定。
生产能力降低。
不卫生。

以上几点是人们在说起酒曲的问题时，常挂在嘴边的话题。酒曲有问题就应该积极探索解决的方法，而人们却懒于解决，而是使用唾手可得的日本入曲酒曲或直接在酿造的酒里添加人工香料来调和味道。真让人惋惜！

难道就真的没有改善酒曲问题的方法了吗？

酒中残留大量的酒曲香味

有些人经常说，韩国传统酒的酒曲味太浓，无法饮用。酒曲依存于自然野生微生物，但自然野生微生物却存在着数量不足以及糖化力和酒精生产力低下等问题。为了克服这些问题，酿酒的时候通常会使用大量酒曲，直接导致酒中残留的酒曲味过浓。但其实，越是好酒曲酿出来的酒，味道越香越醇厚，同时还会散发出浓厚的水果清香。

那么如何才能酿出没有酒曲味，同时又能得到人人喜爱的传统酒呢？

在第二阶段酿酒时，把酒曲过滤出来。酿造多酿酒时，在第一阶段将米粉、酒曲和水混合发酵，在第二阶段酿造时使用过滤网将酒曲的渣滓滤掉，这可以在一定程度上去除酒曲味。

少用酒曲。使用微生物培养法，以少量酒曲酿出更多的酒，就可以去除酒曲味了。过去酿酒，人们认为酒曲的量应与大米的量持平，因此酿酒时会使用大量的酒曲。但如果使用微生物培养法，用1kg的酒曲就可以将一大袋子米酿成酒。也就是说，一斗米里加入的酒曲不过200g而已。然后再在第二阶段的酿酒过程中过滤一次，这样不但不会散发出酒曲味，反而可以让酿出的酒味道和香气更丰富。

味道不固定

酒曲是自然状态下进行繁殖的微生物群落的"家"。酿酒是各种霉相互作用的结果，因此味道也不是固定不变的。另外，由于地域、时期、气候条件等的差异，每次进行繁殖的霉各不相同，所以每次使用酒曲时散发出的香味也不尽相同。

相反地，如果使用入曲酿酒，则只需在谷物中对白曲菌这一种菌进行人工培养即可，所以用入曲酿出来的酒，味道总是固定的。使用酒曲酿酒，很难保证酒味的稳定性，所以对量化生产的酒企业来说，入曲是个更佳的选择。

但能酿出多种味道的酒正是酒曲的魅力所在。酿酒是各种微生物相互作用的结果，因此酒味并不单调，而是丰富多样，醇厚浓郁的。法国的红酒也是如此，每年生产的葡萄不同，酿出的红酒味道自然也会不同。如果想从韩国的酒里享受到多种多样的味道，那就充分发挥酒曲的优势吧！

生产能力降低

酒曲酿酒法糖化力不足，生产耗费的时间较长。举个简单的例子，同一家酿酒厂里，用入曲酿米酒需要花费4~7天，用酒曲酿则需要消耗15天以上。因此，站在生产商的立场上，这并不符合他们的盈利目标。另外，使用入曲酿酒，谷物几乎全部转化成酒精，因此生产效率比较高。与此相反，使用酒曲酿酒会残留很多糖分，生产的酒精较少，生产效率也比较低。

站在生产商的立场上，我们不得不承认这一点。酒曲不像入曲，它的糖化力不够强，不能在短时间内使谷物糖化生产出酒精。但两者的味道差异明显。用入曲酿酒，虽然可以在短时间内完成生产，但由于没有糖分残留，谷物几乎全部都转化成了酒精，故而酒又苦又烈，没有酒香味，厂家为了迎合消费者的口味，往往会使用人工香料进行调味（暂不讨论人工香料是否有害）。

但用酒曲酿酒，谷物不会完全转化成酒精，仍然有糖分残留，所以酿出的酒本身具有甜味儿，也就不需要使用人工甜味剂等各种调料来调味，可以称得上是"绿色又健康的米酒"。同时，由于储藏和发酵时间较长（三酿酒可达到一年以上），这种酒的味道和香气更加醇厚浓郁，所以很适合想要品尝高品质酒的人。这么说来，解决方案就很简单了。用味道和价格的差异来一决胜负如何呢？这正是传统酒的出路所在。

不卫生

酒曲并不是使用人工培养的种菌制造而成，而是依存于自然环境中的霉菌，有人因此指责其不卫生。但酒曲在使用之前，会先放在阳光下暴晒进行杀菌，然后再用来酿酒，所以酒曲不卫生之说并不成立。

与此不同的是，也有一些人热衷于讨论栖息在酒曲中的霉菌。根据刘大植等人（2011 年）的调查，酒曲中共含有18 株 97 种霉菌，15 株 48 种酵母，6 株 19 种细菌。如此多样而又数量庞大的霉菌在酒中究竟起到什么作用呢？

在霉菌中，白曲菌和黄曲菌等参与酶的分解和酒的酿造，其他菌与酿造无关，它们影响酒的味道和香气，所以能酿出哈密瓜味、桃子味等散发独特水果香味的传统酒。因此，拥有复杂而又多样的味道与香气的传统酒又被人们称为"奥妙之酒"。这正是韩国酒所独有的特征，是使用入曲酿造的日本酒所不能及的。当然，霉菌中也可能含有有害菌（青霉菌等），最好不要使用有这种霉菌的酒曲。

酒曲的种类

每个地方、每家每户制作酒曲的方法、酒曲的样子外观以及使用的材料等都不相同。酒曲的形态和材料多种多样，酿出的传统酒的也是品类繁多。

根据制造时间分类

2~4 月	5~7 月	8~10 月	11~1 月
春曲	夏曲	秋曲	冬曲

根据原料处理方法分类

粗曲	粉曲	白曲
粗麦麸	全麦粉	面粉
米酒 / 烧酒用	药酒用	药酒用

根据外观分类

饼曲	一般称为"粗曲"，是将全麦粗磨、压实后做成的酒曲，在中国、韩国广泛使用。
散曲	一般称为"散曲"，将谷物——摊开发酵制成的酒曲，在日本广泛使用。

根据地区分类

首尔、京畿地区	湖南、忠清地区	平壤地区	利川	庆北地区	全南木浦地区
圆盘形，四角形曲子	圆锥形，茅茨形，正方形曲子	饺子形曲子	桌面形曲子	角形曲子	三合曲子

《增补山林经济》（1766 年）中的酒曲分类

真面曲	将面和的劲道些，然后摊成一个个小而扁平的圆盘状，彼此间留出小沟渠，保证通风、防止过热。
蓼曲	在米仁上撒面粉，放进纸袋子里，让霉菌自由繁殖。
绿豆曲	取大米和绿豆各 1 升（古制）进行研磨，然后压成小而薄的圆盘状，做成酒曲。
米曲	将米粉稍微蒸一下，然后做成酒曲，放在松叶里发酵。
秋麰曲	用秋麦做酒曲。

酒曲，发酵吧！

酒曲可以从专门的酒曲生产工厂购买，也可以自己生产。工厂中制造的酒曲是批量生产，风味比较单一。如果想根据自己的不同个性来酿造独具特色的酒，还是自己制造的酒曲最好。

酒曲制作过程

1. 将小麦（全麦）洗净后磨成粉。
2. 将凉开水倒入小麦粉中。
3. 确认倒入的水量是否合适。
4. 制作成结实的酒曲的模样。
5. 在箱子里或其他地方一层一层放好艾蒿杆和酒曲，制作酒曲窖。
6. 将箱子密封好。
7. 酒曲在 30℃ ~ 35℃的环境中发酵。
8. 每隔 2 天或 3 天翻一遍酒曲。

酒曲在不同季节的不同酿造方法

冬季一般使用面粉或米粉做成体积比较小的酒曲。夏季一般使用麦麸做成体积比较大的酒曲。春季和秋季湿度比较适宜，最适合做酒曲。

酒曲制作过程详解

制作酒曲时，往米粉等原料里加入的水量非常重要。水分少了，酒曲很容易变干，霉菌就不能着床；水量太多，稍有不慎，酒曲就会腐烂，因此适当的水分供给非常必要。以水分占谷物量的 20% ~ 30% 为最佳。

1. 米粉酒曲和面粉酒曲的差异

用米粉做成的梨花曲糖化力好，用面粉做成的白曲发酵力好。但制作面粉酒曲时应当注意的是，面粉酒曲的颗粒较细，一旦凝结成块很容易变坚硬，内部水分难蒸发，里面容易腐烂；外部则容易变干，微生物不易着床。因此，面粉酒曲应该尽可能做得小点，最好和米粉酒曲混合制作。

2. 使用凉开水

使用凉开水进行和面，以防被杂菌污染。

3. 和面时，水分的测量方法

①要一点一点往米粉里加水，并用双手不停搅拌，防止米粉形成疙瘩。

②适当用力，将米粉捏成拳头状。如果把面团放在手里滚动不碎，切成两半也不散，用手按压又能立刻散成粉的话，说明放入的水分量合适。

③如果用手捏，面团不是凝结成块，而是立刻散掉，说明水分较少。如果捏完之后，面团上还留有拳头的印记，切开时面团会塌软，用手按压时不会散成粉，说明水分过多。

尝试几次后，就很快能知道做酒曲的合适水量了。通常以 1L 粳米中放入 200ml 水为最宜，根据实际情况，偶尔也会有差别，所以和面时要多用手捏一捏试试。另外，不能一下子放入好多水，应该少量多次地一点一点加水调节。

4. 将酒曲做得结实些

酒曲应当尽量做得结实些，以防止水分蒸发。如果酒曲不够结实，水分很快就会蒸发掉，由此就会错过霉菌着床的时间。酒曲做结实了，水分蒸发就慢了，这样才能为微生物提供生长所需要的时间。将含有适量水分的小麦塞进酒曲的缝隙中踩实，或者用双手将酒曲团成圆形，并反复揉搓至坚硬。

酒曲的厚度越薄，水分蒸发越快，所以要尽可能地多放水。而如果很厚的话，少量加分即可。要特别注意，不用往厚酒曲里加入很多水，否则酒曲很容易就酸掉。

5. 箱子 / 艾蒿杆 / 酒曲窖

制作酒曲窖

应当为酒曲建一个酒曲窖来存放酒曲。酒曲窖可以用纸箱子，泡沫塑料箱子或坛子制作。冬季湿度不够，应当将酒曲放在坛子里或其他可以维持水分的容器里。夏季则应当放在纸箱子等容器中。

包裹酒曲的叶子（艾蒿杆等）的作用

酒曲发酵的时候，应该在其上下各铺一层植物叶子。首先，这样做是为了利用寄生在艾蒿杆上的野生霉菌，使霉菌在酒曲中顺利着床。再者，叶子将酒曲包裹起来，有效抑制了水分蒸发。

冬季空气中的湿度不够，酒曲发酵时，要尽可能地覆盖上苍耳叶、荷叶、鲜树叶、楮树叶等新鲜的树叶。夏季空气中的湿度较高，酒曲发酵时，要以干燥的秸秆或艾蒿杆代替鲜树叶。目的在于通过调节水分防止酒曲腐烂。春季和秋季使用秸秆或干燥的艾杆。

用纸箱子发酵的方法

酒曲发酵的第一周，为了聚集大量的微生物，要特别做好防止湿气蒸发的工作。所以，要在纸箱子内部裹上一层塑料（以免湿气打湿纸箱），然后再把酒曲放在里面。为有效防止湿气蒸发，应该用秸秆或艾蒿杆把酒曲裹起来，或者裹上三层韩纸，然后再将纸箱子盖密封好。同时，为了防止湿气从下面打湿纸箱子，要在酒曲下面多铺几层秸秆。酒曲一旦被打湿，就会腐烂。用存放食物用的塑料泡沫做成的箱子存放酒曲，是再好不过的选择。不仅保管效果好，而且能有效防止湿气蒸发。在湿气较重的地区和季节，人们通常先用干燥的秸秆或艾蒿杆将酒曲包裹后再吊起来加以保存。

6. 酒曲发酵为什么要封盖?

是为了抑制水分蒸发。此举可以延长水分蒸发的时间，为微生物生长提供适宜的环境。水分太多时，酒曲易遭其他菌污染而腐烂，因而要定期翻酒曲。

7. 30℃~35℃

第一周是霉菌着床期，也是最重要的时期。发酵桶内部的温度要保持在适合霉菌生长的30℃~35℃。霉菌开始着床繁殖后，要将发酵桶内的温度提高至40℃~45℃，温度上升，霉菌逐渐形成孢子。这时要格外注意，不能再继续提高桶内温度。如果日较差较大，霉菌很难着床，因此应将温度保持在一定的范围内。

8. 翻转酒曲

每隔三天就要把所有酒曲翻转一遍，这个过程要持续三周。手工制作的酒曲三天翻一次，宽而大的酒曲两天翻一次，最好把用过的艾杆也都晾晒一次。

只有酒曲里的水分均衡分布，霉菌才能均衡繁殖，酒曲如果没有翻转过来，那么下面的部分沾染了湿气就会腐烂，上面的部分则会迅速变干燥，霉菌就不能顺利着床了。

酒曲发酵的阶段

　　酒曲要发酵三周左右，该过程相当重要。都说制作酒曲非常困难，但只要在酒曲发酵的三周期间，按照正确的顺序为酒曲创造一个适宜的环境，那么霉菌就能在酒曲上顺利着床了。

第一周	第二周	第三周
保持水分（聚集微生物）	慢慢晾干（留住微生物）	完全晾干（微生物着床）
本周期内，要注意保持水分（用坛子或纸箱子保存时，为防止水分蒸发，要盖上盖子）。	本周期内，要慢慢地将酒曲晾干，以使微生物在酒曲内部顺利着床。坛子或纸箱子的盖要打开。	本周期内，将酒曲拿出来放在通风较好的地方保管，白天暴露在阳光下，直至完全晾干（规定过程）。

酒曲发酵的过程详解

1. 第一个 7 天——保持水分

对酒曲来说，保持适当的水分非常重要。既有利于霉菌在一段时间内的繁殖，同时也为霉菌的大量繁殖提供了充足的时间，所以第一周内的重要任务就是维持水分。如果水分蒸发太快，霉菌就不能着床繁殖，酒曲也就毫无用处了。但如果水分太多，容易受其他细菌的污染，酒曲又会腐烂坏掉。酒曲发酵的时候最好用坛子或塑料泡沫箱子，用塑料包裹也可以，这样能有效防止水分蒸发，使霉菌顺利着床。酒曲窖形成后，内部有秸秆或艾蒿杆，还有湿气和热气，所以内外都会有霉菌聚集。

水分从上面开始干燥，所以每隔 2 天或 3 天，就要把酒曲翻一遍。

如果酒曲不是慢慢晾干，只有外面干，而里面还没有干透的话，里面就会腐烂。本周期内要尽量保证水分不枯竭，微生物才能得以繁殖。

2. 第二个 7 天——酒曲慢慢地晾干

本周期内，要把坛子盖稍微打开一点，使里面的水分慢慢蒸发掉，保证在酒曲表面顺利着床的霉菌能渗透到内部，同时还能实现微生物的均衡繁殖。

第一周后的酒曲，如果没法蒸发掉水分，酒曲就会腐烂。相反，如果水分蒸发的过快，则霉菌就不能顺利着床。因此，打开盖子后，要留出足够的时间蒸发水分，同时也要保证附着在表面的霉菌能顺利渗透进酒曲内部。

3. 第三个 7 天——酒曲完全晾干

当霉菌完全渗入到酒曲内部深处时，就到了酒曲完成的最终阶段，此阶段应将酒曲内的水分完全晒干。第二个周期结束后，霉菌会进入酒曲内部繁殖，而本周期就是酒曲的完成阶段。在第三个周期，将酒曲从坛子里取出，放到竹篮等通风好、阳光好的地方，将酒曲完全晾干，直至完全变硬。白天蒸发水分，晚上则吸收水分，最后慢慢把酒曲晾干。经过如此过程，酒曲会发生白化现象，由黄色变成白色。

辨别酒曲是否完成发酵的方法

> **完全晒干后硬邦邦的。**
> **没有温度。**
> **散发出香喷喷的气味。**

发酵完成的酒曲没有任何热气，硬邦邦的，还能看到表面的霉菌。选择上等的好酒曲，闻一下味道，那香喷喷的味道足以让人心情舒畅；看一下颜色，酒曲几乎没有黑色，里外都均匀地分布着黄色或白色的霉菌。

黑色和蓝色的霉菌对酿酒不利。

不好的酒曲

不好的酒曲，表面晒干后很快变硬，但是内部由于残留的水分而腐烂，并且裂缝中还生出霉菌，这种情况多见于面粉酒曲中。所以制造酒曲的时候，要在第一个 7 天内，阻止蒸发，维持水分，让霉菌顺利着床；在第二个 7 天内，慢慢蒸发水分，创造良好的环境，让霉菌更好地渗透到酒曲内部；最后一个 7 天内，把酒曲放置在通风良好、阳光照射强烈的地方完全晒干，杀死附着在酒曲表面的细菌。

如果酒曲散发出酱油的味道

酒曲中散发出酱油味道，是因为酒曲长时间存在着湿气的缘故。这时最好把酒曲放置在通风良好的地方去除异味。如果把酒曲里的水分锁住一星期会散发出酱油味道的话，那么在下次制作酒曲的时候，应在不到一周的时候就把里面的水分蒸发掉，防止产生酱油的味道。

保　存

酒曲完全晒干变坚硬后，要用宣纸等纸张包裹起来，或者用塑料膜等密封后，放置到通风良好、干燥的地方保存。

如果将没有完全晒干的酒曲存放起来，酒曲的香味会大打折扣，而且酒曲本身会腐烂。

好的酒曲

不好的酒曲

酒曲的使用方法

使用时，先将酒曲在阳光下完全晒干后再使用。

1. 按规格制造

通常在使用酒曲酿酒之前，先把酒曲按照一定规格修整后再使用。

将要使用的酒曲在 2 ~ 3 天之前清理灰尘，做成栗子大小，放在通风良好的地方，置于阳光下晾晒。

《饮食知味方》等古文献中有关于制作酒曲的记载。也就是运用传统的方法，让酒曲接受太阳的烤晒和露水的洗礼，目的在于杀死酒曲中的杂菌，去除异味，防止酒曲变质。但如今，由于空气污染，酒曲要想经受露水的洗礼变得非常困难，只能尽可能地将其放置在空气流通的地方，消除异味。

2. 磨碎酒曲

成型的酒曲磨碎后才能用于酿酒，这是为了让酒曲中所含的霉更好地分解谷物中的淀粉。也有酒曲磨碎后用于销售。

最好用石碓臼将酒曲磨碎成豆粒或者橡子大小。尽管也可以用搅拌机磨碎，但机器的刀刃可能会给微生物造成不好的影响，因而要尽可能地用石碓臼捣碎酒曲。

酿米酒或药酒的时候，用石碓臼将一大块酒曲捣碎成豆粒或者橡子大小使用。酿制高级清酒的时候，用碓臼将一块酒曲捣碎成粉末使用。这种方法比其他方法糖化速度快，酿出的酒更干净。

3. 浸泡后使用

在酿酒前 30 分钟，先将酒曲放在凉开水中浸泡再使用。事先将坚硬的酒曲放在水中泡开，使用起来会更容易。另外，将酒曲泡在水中还有一个优点，就是可以激活酒曲中的酶和酵母，降低它们的潜伏期，使发酵快速进行。

酿酒的温度为 25℃

做酒曲的时候使用的是 30℃ 的温开水，但酒曲中的酵母菌所喜欢的温度是 25℃，所以使用酒曲的时候要配合这个温度，等水完全凉了之后才可以使用。水温过高的话会杀死酵母，所以要先将水晾凉再使用。

注意！浸泡后可能会变质！

通过古文献我们可以得知，要想快速酿出单酿酒，就要把酒曲事先泡一天再使用。但是如果浸泡的时间过长，会产生很多乳酸，也会繁殖其他杂菌，反而会让酒变质。这一点要格外注意！

被浸泡的酒曲

一起来做全麦酒曲

一般酒曲是将全麦粉碎而制成的。这样制成的酒曲叫作粉曲，可用于制作米酒或者清酒。

< 材料 >

全麦 1kg，凉开水 200ml

< 工具 >

酒曲模具，棉布（横 1m，竖 40cm），碗，酒曲窖

一个酒曲模具所容纳的量：面粉 0.95kg ~ 1kg，水 200ml

根据自己准备的酒曲计算需准备的面粉量。

< 准备工序 >

捣碎全麦

将全麦清洗干净后，在碓臼里捣 3 次，直到用手摸起来有点粗糙为止。用手搅拌，并搓碎粗大的粒子。

一起来制作

1. 用手搅拌全麦，搓碎粗大的颗粒。

2. 将 200ml 水一点一点洒到全麦上，揉搓使水与其均匀混合。重复抓放动作，给予全麦适量的水分。

3. 将棉布铺在酒曲模具上，在上面放上全麦。将两侧折叠后抓住长的部分拧至顶部，卷放在中间部位。

4. 做酒曲的时候拧卷放至中间的原因是通常酒曲的中间部分不容易晒干，容易腐烂，所以把拧卷按下可以使该部分变薄。

5. 将拧卷尽量往下翻放。从后面开始，用脚后跟均匀地踩，翻过来继续踩。（反复三次，左脚踩在模具上，右脚脚后跟踩酒曲。）

6. 一直踩到不能再塌陷为止。将成型的酒曲翻转过来，并轻轻地从酒曲模具中拿出来，将布展开，把酒曲拿出来。注意踩到最后的时候，在酒曲模具上部（拧卷的部分）凸起的状态下踩。

7. 在箱子里铺上稻草或艾蒿杆，将酒曲放在上面，再用艾蒿杆等覆盖一层，最后把箱子密封好。

8. 放在30℃～35℃的酒曲窖中，隔两天翻一次。7天以后打开箱子盖，再过7天彻底拿出来，放在通风、阳光好的地方晒干。

一起来做梨花酒曲

梨花酒曲是酿制梨花酒时使用的酒曲，《饮食知味方》（1670年）一书中有相关记载。通常，酒曲都是用小麦发酵而成，梨花酒曲的独特之处就在于是用米发酵而成。用梨花曲可以酿制出像梨花那样纯白的酒。

< 材料 >

粳米 2L，水 400cc

< 工具 >

酒曲窖，中号筛子，艾蒿杆 2 捆

< 准备工序 >

粉碎粳米

将 2L 粳米在 10 分钟内洗干净，入水浸泡 3 个小时，控水 30 分钟，均匀地将其粉碎后，用筛子过滤，确保没有米块。

一起来制作

1. 将水烧开凉至 30℃，放入米粉。一点一点加水，并用手不停搅拌，确保没有米疙瘩。

2. 水粉混合好之后，用筛子再过滤一遍，将面粉疙瘩筛开，面粉要均匀。

3. 用两只手紧攥米粉，用手掌多次紧攥，尽可能将其制成大且结实的圆形。将成型的酒曲放入塑料袋中，防止水分流失。

4. 在坛子等里面的上下层均铺上一层厚厚的艾蒿杆，上面放上做好的酒曲，注意不要将酒曲粘在一起。

再将艾蒿杆盖在上面。将这个过程反复几次。再在最上层盖上艾蒿杆，盖上坛子盖。

5. 放入 30℃ ~ 35℃左右的箱子里，3 天左右翻一次。7天后打开箱子盖。再过 7 天，彻底拿出来，放在通风好、阳光好的地方晒干。

酒曲的大小

酒曲的大小要适当。太大不利于水分蒸发，容易腐烂；太小，水分蒸发快，霉不容易着床。

一起来做生姜酒曲

* 制作酒曲为何要加入面粉?

　　制作酒曲时有时需要加入面粉。一方面是因为面粉容易结块,而且黏性大,所以才被使用。另一方面则是因为面粉中含有乳酸菌。它有降低 PH 的作用,可为酵母繁殖提供 PH 3~4 的良好环境,而且还能抑制在 PH 6 环境中繁殖的杂菌。

　　姜,也就是生姜。将生姜磨碎,把姜汁与粳米和面粉混合搅拌发酵,可以做出芳香的酒曲。

< 材料 >

　　粳米 3L, * 面粉 1L, 生姜汁 800ml(原料的 20% ~ 30%)

< 工具 >

　　秸秆或艾蒿杆,酒曲窖

< 准备工序 >

　　磨碎大米

　　将一定分量的粳米洗干净,入水浸泡 3 个小时以上,控水 30 分钟。用碓碓臼捣成粉末,并用筛子筛均匀。

制作生姜汁

　　将生姜洗净,去除泥土等杂质,用刀将其剁碎,倒入榨汁机里榨汁。

　　将渣子扔掉,用布包裹取姜汁。(酿酒的时候放入渣子有良好效果。)

生姜汁的作用

　　利用蓼麦汁、香瓜汁、生姜汁等制作酒曲,是为了便于利用其中含有的野生酵母。这些野生酵母先进入酒曲中,随后外部的微生物再进入。与此同理,使用面粉也是为了先让面粉中的酵母附着在酒曲上。此外,药汁也可以发挥同样的作用,但只能放汁液,不能同果肉一同放入,否则酒会腐烂。

　　利用植物制作酒曲,即使身处缺乏野生酵母的都市,也照样可以制作出含有良好野生酵母的酒曲。

一起来制作

1. 将用筛子筛过的米粉和面粉混合，一点一点倒入生姜汁，用双手搅拌均匀，防止产生面团。

2. 将姜汁混合均匀后，再用筛子筛一遍，确保没有面团，面粉要均匀。

3. 用两只手紧攥米粉，用手掌多次使劲，尽可能将其制成大且结实的圆形。将成型的酒曲放入塑料袋中，防止水分流失。

4. 在坛子里面的上下层均铺上一层厚厚的艾蒿杆，上面放上做好的酒曲，注意酒曲不要粘在一起。

再将艾蒿杆盖在上面。将这个过程反复几次。再在最上层盖上艾蒿杆，盖上坛子盖。

5. 放入30℃～35℃左右的箱子里，3天左右翻一次。7天后打开箱子盖。再过7天，彻底拿出来，放在通风好、阳光好的地方晒干。

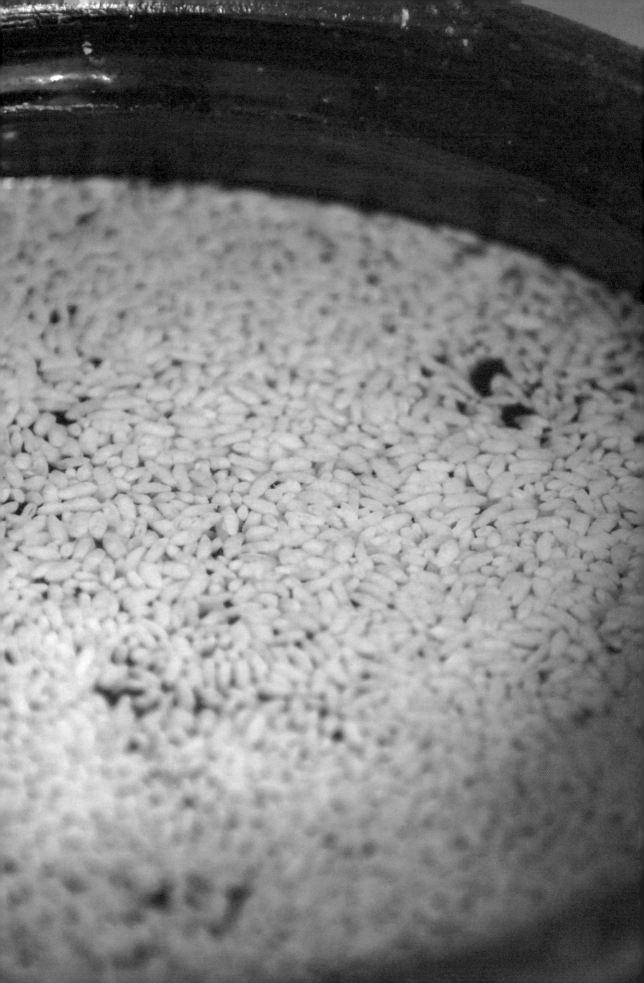

03 米酒篇

米酒的故事

米酒是平民大众喜闻乐见的一种酒。如果说清澈的清酒是贵族的酒，那么农民用来解忧消愁的米酒就是平民之酒了。浑浊不清又卖相不佳的米酒现在正备受大众青睐。这是为什么呢？

米酒现在虽成为热潮，但毫不夸张地说，即便几年前，米酒还受烧酒、啤酒等的排挤，难以摆脱被冷落的局面。所以，不管相信与否，酿酒人总在担心这股热潮何时会再次消失，他们的心情可谓是如履薄冰。这种现象，在过去更甚。

在私酿被禁止的 20 世纪 70 年代，米酒曾占据全酒类消费量的 60% ~ 70%，人气相当高。但随着一些劣质酒被大量酿造，酿造厂之间的不当竞争也日趋激烈，米酒开始被大众冷落。1986 年亚运会和 1988 年奥运会前后，海外旅行和进出口真正实现自由化，米酒的发展也进入了停滞期。20 世纪 90 年代初期，米酒的消费量跌落至只占全酒类消费量的 5%。烧酒成了国民的酒，与啤酒一样开始占据大众酒的主流地位。

这次米酒能再次掀起热潮，实属不易，需要我们来守护有益健康又柔和温润的米酒。如果我们仍像过去一样，看着销量好就背弃企业良心，不注重技术开发，米酒的遭遇难免会重蹈覆辙。而现在新的挑战已经开始了。

传统米酒和商业米酒的区别

传统米酒

传统米酒是指继承和应用韩民族祖先的酿造方法酿造出来的米酒。在酿造过程中使用传统的酒曲，酿成之后再用过滤网过滤，最后加水稀释成合适的酒精浓度之后再供人饮用。用传统的酒曲酿造出的米酒香醇可口，使用的是大米中的糖分酿制而成，不添加任何人工添加剂，有益于健康。

商业米酒

商业米酒是指一般酿酒厂中酿制用于销售的米酒，两者形态相似，但酿造过程与传统米酒差别很大。商业米酒的酿造过程是：原材料→原材料处理→蒸煮→冷却→入曲制造→酒母→一次酿造→二次酿造→熟成→制成→制成浊酒。

商业米酒与传统米酒的不同在于酒曲。传统米酒利用含有酵母和酶的传统酒曲酿造而成，相反，商业米酒使用的则是日本式的入曲（通过蒸煮谷物之后培养特定的曲菌而制成的汤）酿造而成的，因而酒的味道比较单一，而且由于最大限度地生成了酒精，酒的味道会有些发苦。因而商业酒一般通过添加阿斯巴甜、安赛蜜、柠檬酸、低聚糖等添加剂来调味。

浊酒、米酒、冬冬酒各有什么不同?

浊 酒

浊酒，顾名思义就是浑浊的酒。酒酿好之后放入滤酒篓，滤出清酒，剩下的就被称为"浊酒"。为与清酒相区别，人们就把清澈的酒称为"清酒"，浑浊的部分称为"浊酒"。浊酒要加水喝。由于人们经常混淆浊酒和米酒，因而韩国农林水产食品部将米酒和浊酒统一称为米酒。

米 酒

米酒，也就是"막걸리"，原意是粗略过滤一下就可以喝到酒，其中的"막"字意为"随意，随便"。与此相反，浊酒得名于酒的清澈与浑浊程度。虽然米酒也质地浑浊，属于浊酒的一种，但也不完全如此。因为有些浊酒并不是要加水过滤后再饮用，因而将其称为米酒就有些牵强。不过，现在韩语中的用语统一，这类浑浊的酒统称为米酒。

冬冬酒

一般市场上食品店里出售的冬冬酒比米酒价格高很多。究竟这两种酒有什么区别呢? 冬冬酒以前被称为"密酒"，一直被看作是家庭偷偷酿造后流到市场上卖的私酒。因而它一直被认为比商业酿酒厂的酒要贵。但实际上，不管是以前还是现在，法律上的标准用语中并不存在"冬冬酒"这一用语。人们不过认为"冬冬酒"中的米粒圆鼓鼓地漂浮在酒表面，所以对其一直如是称呼。

以前曾在古文献中见过，浮蚁酒被称为冬冬酒。浮蚁酒中米粒漂浮在酒的表面，看起来就像蚂蚁卵漂浮在酒上面，浮蚁酒也因而得名。

酿造好喝的米酒

单酿米酒

最初的米酒，是将水发米饭和酒曲混合之后，加上水，放在坛子里发酵，再经过滤而成的。米酒的酿造方法简单易行，一般选择在发酵效果较好的夏季酿造。

但问题是，单酿米酒只依赖酒曲发酵，而酒曲中的微生物数量又比较有限，因而发酵速度缓慢，并导致酒精度数偏低。人们就开始以醋酸菌为主的醋酸发酵，但如果管理不当的话，酒很容易就会变酸。所以，先民们在酿造单酿酒时，就会放入很多酒曲，以此来补充微生物的不足，不过这样一来，酒曲的香味又会很浓，对酒的味道和香味造成影响。

多酿米酒

多酿酒与二酿酒、三酿酒等一样，经过多次酿造之后，再通过培养酒曲中的微生物酿出酒，最后用过滤网过滤。这个方法需要多次酿造，可能多少有些复杂。不过，却可以克服前篇所写的单酿酒的缺点。

第一，多次酿造之后，可以酿造出醇厚美味好喝的米酒。

第二，整个过程酒曲用得少，通过培养微生物来酿造，酿造出的酒几乎没有酒曲的味道。

第三，由于使用了大量微生物，可以很快酿出酒精度数很高的酒，因此可以防止由硝酸菌引起的酸坏。这个方法还可以酿出清澈的清酒，达到一石三鸟的效果。强烈推荐这个酿酒方法。因而，不要老想着用简单的方法酿酒，即便是米酒，也要保持着研究和开发出浓郁醇香的好酒的心态。

一起来酿造米酒

现在开始酿造好喝的米酒吧!

本篇将介绍以单酿酒的形式酿造米酒。

酿造单酿米酒的基本过程

将捣的细碎的酒曲浸泡在水里,制成曲液(酒曲液)。

制作水发米饭。

将温热的水发米饭和烧开的水混合。

将冷却的水发米饭和酒曲液尽力混合。

混合好之后放入发酵桶,放在25℃的地方。

发酵。

每隔5天翻搅一下酒醪。

出现清澈的酒时,过滤之后即可饮用。

酿造米酒的过程详解

1. 制造曲液（酒曲液）

将酒曲浸泡在水里，酒曲中的酶和酵母会被激活，从而可以促进糖化和发酵。这是为了提前构造一个合适的环境促使酶和酵母快速活动，以缩短它们的潜伏期，使酶和酵母尽快发挥作用分解淀粉生成酒精。这时，尽可能将酒曲捣得细碎，以便取得更好效果。需要注意的是，酒曲长时间浸泡在水里，会生成很多乳酸菌而导致酒变酸。

2. 何谓水发米饭

水发米饭的米粒圆鼓鼓的，没有多余的水分，除非有意按压，否则不会轻易破碎。制作水发米饭很麻烦，那为什么还要用水发米饭来酿酒呢？这当然是为了酿出好喝的米酒。我们需要的是米饭中的淀粉，而不是蛋白质、脂肪、钙、钾等。不谈这些成分对健康的好坏，它们会影响酒的品质和香味。因而，为了只取用我们所需要的淀粉，需要蒸水发米饭。把水发米饭蒸好，将其在糊化状态下放入，酶可以更好地分解淀粉，促进糖化的进行。

蒸好的水发米饭中含有细小的裂纹，淀粉组织被打破，在与酒曲混合的过程中酶会侵入米饭内部分解淀粉，从而产生葡萄糖。这个过程就是酵母生成酒精的过程。而蛋白质、脂肪等不利于酿酒的成分，则成为酒糟被过滤出来。

3. 开水和水发米饭混合

　　水发米饭蒸好后，放在铜盆里并倒上水，再次促进糊化。如果淀粉组织被破坏，微生物就可以更好地分解淀粉，从而促进糖化作用。这种方法是通过提升温度来酿造酒的，自然把重点放在了糖化上，而不是发酵上。

4. 水发米饭与酒曲液混合

　　酿制单酿酒时，不要怕把饭粒捏碎，可尽量揉搓使水发米饭和酒曲液混合。只有尽可能地搓揉混合，才能促进少量的酶侵入水发米饭中快速分解淀粉。单酿酒的目的是酿米酒，而不是一定要酿出清酒，因而水发米饭稍微有点碎也没关系。

5. 水发米饭冷却之后混合的理由

　　是为了满足酵母喜欢的温度 25℃，以便促进酵母更好的发酵。

6. 酒在 25℃下发酵的理由

　　在 25℃下酿酒，在酒曲中的酶的作用下，淀粉转变为糖，随着酵母的活跃，糖又转化为酒精，容器内的温度也随之上升。容器内的温度要保持在 28℃以下。容器内温度达到 28℃以上时，酵母的活性就会下降，并会慢慢死亡，而一旦酵母死亡，酒醪就会变酸，酿酒就失败了。

7. 制造曲液（酒曲液），水发米饭和开水混合，曲液和水发米饭尽可能混合的理由

　　由于单酿酒是利用酒曲中少量的微生物来酿酒，所以为了促进微生物更好的分解淀粉，促进糖化快速进行，就需要营造合适的环境。

制作水发米饭

制作水发米饭是酿酒过程中非常重要的一个环节，所以在酿米酒之前，应先详细说明蒸水发米饭的方法。

材料
　　糯米 5L（4kg）
工具
　　蒸锅，饭铲，棉布，支架，竹帘等

一起来制作

1. 糯米洗净

　　将糯米放在铜盆里，倒上水，手掌展开，按照逆时针方向快速画圈旋转。这样通过米粒与米粒之间的相互碰撞摩擦，祛除米上的污物。

　　大约转50圈后，将水倒掉，再重新倒入清水旋转着清洗。如此反复四次之后，放入自来水，直到淘米水变清澈。先将水从一边放入，待水变清澈之后，再从另一边放水，直到水变清澈。

　　糯米不如粳米的组织结构结实，容易破碎，在清洗的时候要多加注意。一旦米粒破碎，米中的淀粉在清洗时就会溶于水中流失，就没法进行酿酒。洗米的时候不要超过10分钟，要尽快清洗，并要小心尽量不要将米洗碎。

2. 浸泡 3 个小时

　　米洗好后，在水里浸泡3个小时，使米充分吸收水分。

3. 晾 30 分钟去除水分

　　将浸泡好的米捞出来放在滤盘上，晾30分钟去除水分。

浸泡米的理由

　　将米长时间浸泡在水里的话，水分就被米粒充分吸收，蒸米饭时，米中的水分受热会变成气体使米膨胀，从而打破米的组织。再放入酒曲混合时，可以更有利于酶迅速侵入米饭中分解淀粉。

将浸泡过的米饭晾干水分的理由

　　如果用水分太多的米蒸饭的话，会在锅内形成一道水层，这样蒸出来的米饭会太软，或者因为水层的原因而变成夹生饭。

3. 蒸水发米饭

倒入半锅水，大火烧开。

在蒸屉里铺上湿棉布，然后把晾干水分的糯米放在棉布上，再把蒸屉放在烧着的蒸锅上。将糯米用棉布裹好之后盖上锅盖。防止水蒸气凝结并掉到米饭上。

将大米放到蒸锅15分钟后，锅盖上方会开始冒出热气并飘出米饭香，此时开始计时，再蒸40分钟（粳米则需要再蒸1个小时）。

40分钟之后，关火再焖10分钟。打开锅盖尝一尝米饭是否熟好。尝味道时，要用饭铲把外层和内层的米饭都尝一尝。

如有没熟透的米饭，可以把米饭上下搅拌，撒上凉水再蒸一段时间，一定要把米饭蒸熟之后才再酿酒。

*不可以用夹生的米饭酿酒

米饭蒸好后一定要尝一尝是否熟透。熟的不好的话，中间会有夹生的。人们不爱吃夹生饭，微生物也不喜欢。酒醪中的酵母活跃起来后，酒精度数要达到10~14度，才能防止杂菌的侵入。如果酶不能有效促进夹生饭的糖化，也就无法生成足够的酒精，从而致使酒醪内部无法抵御杂菌侵入，从而导致酒醪酸坏。

*蒸大量的米时的注意事项

蒸大量的米饭时，中间部分容易出现夹生。为防止这种情况出现，可能需要在蒸饭期间添加冷水。米饭蒸制30分钟后，打开盖子，将米饭上下翻一遍，在米饭上面洒上1L的冷水，盖上盖子再蒸10分钟。上面的冷水和下面的热气相遇，中间的热气聚拢后散开，中间的米饭就会被蒸熟。

4. 水发米饭冷却

为了保持下方空气流通，在最底下放上支架。

在支架上面放上竹帘。

竹帘上面再放上湿棉布或者粗麻布。

最后把水发米饭摊开放在棉布或粗麻布上冷却。每隔 10 分钟翻一遍，直到冷却到手背摸着能感到凉气为止。水发米饭要冷却到酵母最适应的 25℃。

单酿酒要在水发米饭蒸好后，与开水混合之后再冷却。

蒸制水发米饭详解

水发米饭的种类

1. 糯米水发米饭

糯米的淀粉组织不是特别结实,很容易被分解并迅速糖化,糖也不会全部变成酒精,因此甜味较浓。

2. 粳米水发米饭

粳米的淀粉组织很坚实,不容易被分解。在蒸锅里蒸的时候也要比糯米蒸的时间长。通常要在热气出来之后再蒸 1 个小时。用粳米酿的酒味道清淡,但又性烈。

一般的米饭不能用来酿酒吗?

当然可以。但由于蛋白质和脂肪等混合在酒里,酿出来的酒的滋味和香气都会有所损失。

蛋白质在蛋白酶的作用下变成氨基酸,稍有不慎,可能会酿出酱油味。

用碎米(碎的米)可以酿酒吗?

从结果上来看,碎米也可以酿酒,只不过酿出的酒没酒味。我们的传统酒利用的是大米中的淀粉。在酶的作用下,淀粉被分解成葡萄糖,而葡萄糖又在酵母的作用下转化成酒精和二氧化碳。这时,如果米变成碎米,在清洗的过程中淀粉溶解在水中流失,酶就无法来分解制造葡萄糖。因而,这也是洗米的时候为了不让米被洗碎而需要画圆圈洗。

古文献中记载的百洗的意思是?

查看《饮食知味方》等古文献时,会发现有"百洗"或"百洗作末"的说法。意为洗一百次,那么经过百次洗涤的米会变成什么样呢?当然都成了碎米了。那么先民们都用碎米酿酒吗?应该不是。在古代,舂米的技术不够发达,要洗一百遍才能勉强洗成酿酒用的米。现在的话,百洗的说法可以理解为清洗干净。

一起来酿造浮蚁酒

米粒真的是圆鼓鼓地浮在上面吗？

圆鼓鼓的米粒漂浮在上面的冬冬酒，才是名副其实的冬冬酒。但将酒过滤时，就会发现发酵的时候还圆鼓鼓漂浮着的米粒就不再漂浮了。市面上卖的冬冬酒都用甜米酒做成，因而米粒会漂在上面。

《饮食知味方》中记载的米酒酿造方法中最具代表性的酒是浮蚁酒单酿酒，现在我们就来介绍并酿造浮蚁酒。单酿酒是指经过一次发酵酿成的酒。因为酿造一次就取酒，所以适合在温度较高的夏季酿造。

浮蚁酒是最具代表性的米酒。酿好的浮蚁酒，米粒漂浮在表面，状如蚂蚁卵，故而得名。因其米粒圆咚咚地漂在上面，也将其称为冬冬酒。

< 材料 >

糯米 5L（4kg），水 3L，曲液 2L（1kg）

< 工具 >

蒸锅，铜盆，饭铲，发酵桶（坛子等 20L）

< 准备工序 >

蒸水发米饭的准备工作；

将米清洗干净之后放在水里浸泡 3 个小时，然后捞出来晾 30 分钟去除水分；

制造曲液；

将 1kg 酒曲浸泡在凉开水中，浸泡 3~4 个小时之后，利用过滤网将酒曲过滤出来。

一起来酿造

1. 蒸水发米饭

将清洗干净的糯米放在蒸锅上蒸 40 分钟，然后焖 10 分钟。最后将蒸好的米饭倒进大铜盆里。

2. 开水和水发米饭混合

烧 3L 开水，倒进铜盆里与水发米饭混合。等水分被充分吸收后，在支架上铺上竹帘和棉布，再把水发米饭摊开摆在棉布上，上下翻搅，使其冷却到 25℃。用风扇可以冷却地更快。

3. 水发米饭与曲液混合

将过滤好的曲液与冷却好的水发米饭使劲揉搓 30 分钟，使其尽可能的混合。

酿单酿酒时，混合过程中多少会造成米粒破碎，但为了使酶快速进入水发米饭分解淀粉，还是需要尽量揉搓混合。如果是酿制冬冬酒，则米粒稍微有点碎也无妨。蒸得火候刚好的水发米饭并不容易破碎，因而也不用过于担心。

4. 发酵

充分混合之后，装入消过毒的发酵桶里，保持在 25℃ 室温下发酵。每隔 5 天翻搅一次酒醪，出现清澈的酒液时即可取酒。

一起来酿造清淡的米酒

　　如果有做好的酒母（培养好微生物的酒，在"清酒篇"有详细说明），用它就可以酿成好喝的米酒。酒母中含有通过酒曲大量繁殖的微生物，即使是用少量的酒母也可以酿出好喝的米酒。这种酒与前篇所讲的冬冬酒相比，甜味稍淡，有股清淡的味道，所以被称为清淡的米酒。

< 材料 >

　　糯米 5L，酒母 2L，水 3L

< 工具 >

　　发酵桶 15L，饭铲等

< 准备工序 >

　　蒸水发米饭准备事项；

　　将糯米清洗干净，在水里浸泡 3 个小时，然后晾 30 分钟去除水分。

＊使用酒母的理由

　　使用酿了两次的酒母酿酒时，酒母中有大量繁殖的微生物，酶可以迅速分解淀粉转化成糖，然后酵母再将糖转化为酒精，这样就可以防止酿酒过程中出现酸化，从而成功的酿出米酒。而且，使用酿造了两次的酒母酿酒，还可以酿出清澈且味道醇厚而香味浓郁的清酒。

＊酒母 3 是指?

　　是指酿了三次的酒母。在酿了两次的酒母 2 的基础上，再用粳米做的米糊与酒母 2 混合，为微生物提供营养成分，这就是酒母 3。

＊酒母 5 以上是?

　　酒母酿造五次以上的话，受酒精和二氧化碳的影响，酵母死亡的数量增加，发酵能力也随之下降，而酶分泌的酶也因空气不足而死亡，从而发生糖化能力（转化糖的能力）下降的现象。当然，这其中也有生存下来的微生物，但因为数量明显减少，反而对酒会产生不好的影响，所以最好不要用酒母 5 来酿酒。假如非要使用，就需要再放入酒曲投入新的微生物。

一起来酿造

1. 制作水发米饭

　　将洗干净的大米放在蒸锅上蒸 40 分钟之后，焖 10 分钟。把蒸好的米饭倒进大铜盆里。

2. 开水与水发米饭混合

　　烧 3L 开水与热的水发米饭混合。水分被充分吸收之后，在支架上铺上竹帘和棉布，然后将水发米饭摊在上面，不停翻搅使其冷却。使用电风扇可以冷却得更快。

3. 酒母与水发米饭混合

　　用冷却的水发米饭酿好 2L 酒母，然后过滤出曲液，再将曲液与冷却的水发米饭使劲搅拌混合 30 分钟以上。

4. 发酵

　　混合好之后装入杀过菌的发酵桶里，保持 25℃使其发酵。每隔 5 天翻搅一遍酒醪，直到出现清澈的酒液即可取酒。

一起来酿造白雪米酒

到目前为止，我们酿造的大部分米酒使用的都是糯米。这次不是用水发米饭，而是用粳米粉做成白蒸糕之后，再用白蒸糕来酿米酒。这种米酒颜色发白，因而得名白雪米酒。

用粳米酿造米酒的话，酒的甜味比较淡，可以尝到干烈的酒味。

< 材料 >

粳米 5L，开水 5L，酒曲 1kg

< 工具 >

蒸锅，蒸屉及其他工具

< 准备工序 >

做白蒸糕的准备工作；

将洗干净后在水里浸泡了 3 个小时的大米捞出，晾 30 分钟去除水分，然后将大米捣成细碎的米粉，再用棍子压得更细一点。

白雪米酒要每隔两天翻搅一次

由于单酿酒的浮米层（参照 p92）很厚，需要多次上下翻搅促进充分混合。一般要每隔 5 天翻搅一次，但白蒸糕要经过米粉→湿米→冷水等阶段，与糊糊状态相比，潜伏期较长，且不容易被微生物分解，因而被污染的可能性比较高，所以要每隔 2 天上下翻搅混合一次，尽量在变甜的时候尽快取用。

一起来酿造

1. 制作白蒸糕

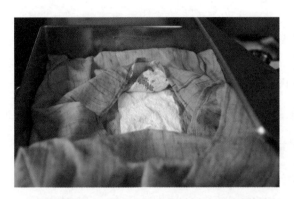

　　蒸锅里烧开水之后，米粉里面不加水，将其直接放在蒸屉上。5~6 分钟后，蒸锅盖边上开始有热气冒出时，再蒸 20 分钟。用筷子戳一下，没有白米粉附着即表示蒸好。如果像一般蒸糕店里那样放水蒸，淀粉组织会黏在一起，之后就很难混合。

2. 将白蒸糕与开水混合

　　将白蒸糕放进铜盆里，再倒上白开水，用饭铲将白蒸糕搅散开。等凉度适宜后，用手将其分散开之后再冷却。白蒸糕使用的虽是米粉，但在蒸制过程中容易结块，只有将其充分散开之后，酶才能轻易分解。这一过程稍有疏忽，酒就会变酸。

3. 将冷却的白蒸糕与酒曲混合

　　将冷却好的白蒸糕与提前捣碎了的酒曲放在一起，用手充分混合 30 分钟以上。

4. 发酵

　　混合好后装入发酵桶里，保持 25℃发酵。每隔 2 天翻搅一次，出现清澈的酒液时即可取用。

一起来酿造三日米酒

短时间内迅速酿造的酒称为速成酒。速成酒又可分为一日酒、三日酒、时急酒、七日酒、十日酒等。速成酒中的三日酒是在三天内酿而成，故而得名。快速酿造的单酿速成酒大部分是浊酒，而三日酒却属于清酒。

三日酒相关的记载有《林园十六志》，还有在此基础上编著的《历酒方文》《山林经济》《饮食知味方》《酿酒方》《饮食方文》《酿酒方法》等。每个文献中对酿酒方法的记载都稍微有些差异。这里将以《山林经济》中记载的三日酒为中心进行说明。

这里要介绍的三日酒是使用酿好的好酒和酒曲一起酿制而成的，有点甜的同时还有浓郁的香味。三日酒是在三日内酿成的速成酒，活着的酵母和乳酸菌的活性还很强，这也是三日酒的特点之一。

所谓好酒

是指提前酿好的两酿酒或三酿酒。使用三酿以上的酒时，酒中含有大量繁殖的微生物，可以保证万无一失。

三酿酒以上的酒大约在 18 度，酿酒时放入如此烈的酒，酒曲中的酵母等微生物可能会经过一定程度的发酵后醉于高度数酒精中，从而丧失酿酒机能甚至死亡。与此相反，酶这种物质却会持续进行糖化作用，因而可以酿出很甜的酒。这时，用酿好的三酿以上的酒，就可以酿出清澈纯净而又浓郁的清酒了。

< 材料 >

　糯米 5L，水 3L，酒曲 600g，好酒 2L（酿好的两酿酒或者三酿酒）

< 工具 >

　发酵桶 15L，饭铲等

< 准备工序 >

　做水发米饭的准备工作；

　将大米洗干净之后在水里浸泡 3 小时之后，晾 30 分钟，去除水分；

　将酒曲捣细碎。

一起来酿造

1. 制作水发米饭

　　将洗干净的糯米放在蒸锅上蒸 40 分钟，再焖 10 分钟。将蒸好的水发米饭倒在大铜盆里。

2. 将开水与水发米饭混合

　　烧 3L 的开水与热的水发米饭混合。等水分被充分吸收之后，在支架上铺上竹帘和棉布，然后把米饭摊在棉布上，上下翻搅，使其冷却到 25℃左右。利用电风扇可以冷却得更快。

3. 将酿好的酒与冷却的水发米饭和酒曲混合

　　用手将冷却的水发米饭和酒曲还有酿好的酒一起混合。

4. 发酵

　　混合好之后装入发酵桶里使其发酵。三日酒是速成酒，所以要放在稍微高于 25℃的温度下发酵。

　　每隔 5 天翻搅一次酒醪，直到清澈的酒液出现时即可取用。

一起来酿造青甘酒

　　《考事撮要》《酒方文》《酿酒之法》等文献中记载的青甘酒是颇具代表性的米酒，可以说是《饮食知味方》中所记载的"浮蚁酒"的一种变形。青甘酒也被称为"东方酒"，是一种口味甜而可口的酒。利用酿好的酒以单酿的形式酿造而成，根据使用的酿好的酒的不同，又可以酿成二酿酒或三酿酒。

< 材料 >

　　糯米 5L，水 3L，好酒 2L，酒曲 800g

　　准备 2L 酿好的两酿酒或者三酿酒。所谓的"好酒"是指提前酿好的两酿酒或者三酿酒。如果有 2L 喝剩下的三酿酒，就可以酿出很不错的青甘酒。

< 工具 >

　　蒸锅，铜盆，饭铲，发酵桶（坛子等）

< 准备工序 >

　　做水发米饭的准备工作；

　　将糯米洗干净之后，在水里浸泡 3 个小时，然后晾 30 分钟去除水分；

　　制造酒曲；

　　将 800g 酒曲浸泡在 2L 的好酒里 3 ~ 4 个小时。

将酒曲放进好酒里会发生什么样的反应呢？

　　好酒的酒精度数在 17 ~ 18 度左右，酒精含量非常高。将酒曲放进酒精度数如此高的好酒里，作为物质的酶不受酒精的影响会持续分解淀粉转化成葡萄糖，而作为微生物的酵母则因酒精的原因丧失原本的功能，无法将葡萄糖转化成酒精。这样酿出来的酒很甜，因为酵母的功能丧失，无法生成酒精，而"好酒"就代替酒精发挥了作用。

一起来酿造

1. 制作水发米饭

　　将清洗干净的大米放在蒸笼上，蒸 40 分钟之后再焖 10 分钟。再将蒸好的米饭倒进大铜盆里。

2. 将开水与水发米饭混合

　　烧 3L 的开水，与热米饭混合。等水分被充分吸收之后，在支架上铺上竹帘和棉布之后，将米饭放在上面，上下翻搅冷却至 25℃左右。使用电风扇可以冷却得更快。

3. 将酒曲与水发米饭混合

　　水发米饭充分冷却之后，放入做好的酒曲混合。混合时候为了使酒曲深入到米饭里面，要尽可能地揉搓。

4. 发酵

　　充分混合好之后装入杀过菌的发酵桶里，然后安置在 25℃左右的地方发酵。每隔 5 天搅拌一下酒醪，等出现清澈的酒液的时候即可取用。

酒的发酵

将发酵桶放在 25℃左右的地方。
发酵桶入口处用厚厚的布盖住。
每隔 5 天搅拌一次酒醪。

酒醪

米粉和水及酒曲的混合物。

酒醪

将发酵桶放在 25℃左右的地方发酵

　　酵母最喜欢的温度是 25℃，所以要将酒放在此温度的地方进行发酵。但要特别注意不要让桶内的温度升到 28℃以上。最好在放发酵桶时，下面垫一块四角形的支架。因为地面温度的急剧变化会对微生物造成不良的影响。

将发酵桶的入口处用厚布盖住

　　酒开始发酵之后，果蝇会蜂拥而至。而在发酵初期，酒精生成之前，如果果蝇涌来不慎落入发酵桶，可能会污染酒醪。因而一定要保证发酵桶周围保持干净。首先用布将坛子等的入口蒙住，然后再盖上盖子。当温度上升时，则只需要打开盖子，只用布蒙着，这样就可以防止温度上升过度。

装入发酵桶后每隔 5 天翻搅一次酒醪

　　酿单酿酒时，放入水发米饭之后，每隔 5 天翻搅一次酒醪。由于单酿酒的微生物数量少，糖化能力和发酵能力有限，无法促进水发米饭的充分发酵，因此酒醪表层累积地很厚。所以要通过将酒醪上下翻搅的方式促进均匀发酵。而如果不进行翻搅，淀粉就无法进行糖化作用，酒就会容易酸坏。

　　初期不要翻搅，要等到 5 天时再开始翻搅。这时，酒醪中酒精度数达到 10 度左右，达到相对稳定的状态。这时，可翻搅促进混合，酒精度数较高可以有效抑制杂菌的侵入，这时即使翻搅也不会使酒醪被污染。为了防止水发米饭氧化变色也要翻搅酒醪。

　　白蒸糕的潜伏期较长，微生物很难分解，被污染的可能性较高，要每隔 2 天翻搅一次酒醪，而且最好在有甜味时取酒。

不同季节酿酒的温度

不同季节酿酒时，要特别注意温度。尤其是夏天，如果外界温度过高，酒醪中的温度就会更高，对此要特别注意。春天和秋天则不用太担心温度问题，而夏天，因为外界温度可能达到30℃以上，从而对酿酒造成影响。当周边温度达到30℃以上时，发酵桶内的温度可能达到33℃~35℃，酵母会因此丧失机能。

因此，在夏天酿酒的时候要特别注意。发酵桶要放在阴凉的地方。为了降低酒醪内的温度，还可以把桶盖打开，只用棉布蒙着，或者将发酵桶放在冷水里使其冷却，要尽量确保酒醪内的温度不要超过28℃。

相反，冬天酿酒时，则要尽可能把发酵桶放在暖和的地方，在25℃左右的温度下进行发酵，同时要防止因温度过低而发生酿酒失败。冬天，如果温度过低，糖化持续进行，而发酵却停滞的话，葡萄糖比酒精的量多，如此一来，随着葡萄糖的不断累积会明显弱化酵母的发酵能力，从而阻碍发酵的进行，最终可能会出现甘败的现象。这一点也要尤为注意。

发酵桶要谨慎放置

在刚开始酿酒的时候，发酵时的温度是25℃，但由于

需要将发酵桶包裹起来吗？

酿酒时，需要掌控温度，有时候也在酿酒时用厚棉被或毯子将发酵桶包裹起来。这时，酒醪的温度会急剧上升（如若发酵桶外围温度为30℃，那么发酵桶内的温度将达到35℃以上），而发酵桶内的酵母就会死亡或者丧失机能。这时，再因为醋酸菌的趁机侵入，最终会导致酿酒酸坏。因此，除非是在冬天室温不到25℃的时候，否则最好不要包裹发酵桶。

酒醪在发酵过程中温度会上升3℃（由于微生物的增殖及活跃运动导致温度上升），达到28℃～30℃，所以要特别注意周边的温度。如果周边温度上升，发酵桶内的温度会更高，一旦达到30℃以上，会对微生物造成不好的影响。在选择发酵桶的放置处时也要考虑这一点。

在春、夏、秋三季，如果是住在朝阳的住宅区，发酵桶最好要放在避开阳光照射的地方，如放在背阴的阳台。而冬天最好将发酵桶放在稍微暖和的地方。发酵桶一旦放置好，就不易移动（沉重的发酵桶搬来搬去对腰不好），因而要慎重思考和选择放置地点。

支　架

放置发酵桶的时候，要在地上放置一块四边形的木支架，用来防止地面的温度直接传给发酵桶。急剧的温度变化会对微生物造成不良影响。

有人认为，淀粉只有在和酵母频繁接触的情况下，才能被分解成葡萄糖，所以，酒醪在放入发酵桶之后也要每隔 12 个小时搅拌一次。这是不懂微生物的好气性和嫌气性的人的无知之言。即，酵母作为一种微生物具有嫌气性的特性，这种生物在没有空气的条件下会生成酒精，而在有空气的条件下则只会增殖而不会生成酒精。正是因为微生物的这种性质，所以在酒醪放入发酵桶之后最好不要打开盖子。

然而，如果每隔 12 个小时搅拌一次的话会怎样呢？酵母每次酿出一点酒就搅拌一次，酒醪内部进入空气之后，酒精生成的速度减缓，酒醪被杂菌污染的概率会大大升高。当然，淀粉只有和酶充分接触才能有效地被分解。所以，本书中特别强调在酒醪放入发酵桶之前要尽量混合 30 分钟以上。

搅拌酒醪

我们经常会听到在酿酒的初期需要频繁搅拌的说法。在发酵初期，搅拌可以给酒醪内注入空气，利用酵母喜欢气体的性质诱导微生物的增殖。也可以通过这种方式降低酒醪温度的突然上升。但如果在酒精还没有充分生成的时候就进行搅拌，稍有不慎可能会被杂菌污染而使酿酒酸坏，要特别引起重视。

与之相比，最好是在水发米饭混合的时候充分混合注入空气，这样在发酵初期就可以尽可能不去搅拌，有助于稳定地酿酒。当进入安定期时，根据酒的种类不同，最好要间隔不同时间搅拌酒醪。

1. 单酿酒

由于单酿酒的浮米层较厚，所以要在水发米饭投入之后每隔 5 天搅拌一次。单酿酒的微生物数量较少，糖化能力和发酵能力随之降低，因而无法充分促进水发米饭的发酵。所以浮米层比较厚。因此需要将酒醪上下搅拌以促进均匀发酵。如果不加以搅拌，可能会因为淀粉无法进行糖化而导致酸坏。

2. 二酿酒

二酿酒的浮米层比单酿酒薄，所以要在水发米饭投入之后每隔 7 天搅拌一次。搅拌是为了使上下均匀发酵，并防止水发米饭经过一段时间后发生氧化变色。二酿酒中的微生物数量比单酿酒多，可以迅速糖化和生成酒精，所以搅拌的间隔时间可以稍长一些。

3. 三酿酒

三酿酒几乎没有浮米层，可以不用搅拌。不过，为了促进均匀的发酵也可以每隔 10 天搅拌一次，等出现清澈的酒液时开始搅拌即可。

何谓浮米层？

刚开始酿酒时，酵母是整体分散开进行发酵的。这时，发酵进行后生成的酒液积聚在底层，上面还没有被发酵的水发米饭则形成厚厚的一层漂浮在酒液表面。这些没有生成酒精而漂浮在酒醪表层的水发米饭被称为"浮米层"。

如果用玻璃瓶来发酵，可以看到在酿酒的过程中，尽管发酵是整体进行的，但水发米饭漂浮在酒液表面，液体则聚在底层。在这种状态下继续进行发酵之后，酒醪表面的水发米饭完全发酵后会沉到底层。这样最终顺序就变成最上层是水发米饭，中间是酒液，最底层是发酵过后的米粒。

这样的三层构造在持续进行发酵的过程中，上层的水发米饭逐渐变少，而中间的酒液和底层的米粒渐渐增多，最后发酵结束时，上层漂着的水发米饭全部发酵成酒液，米粒全部沉底。

单酿酒的浮米层最多，三酿酒几乎没有。而且，越是单酿酒就越需要多放酒曲增强发酵能力，加快浮米层快速发酵。如果浮米层长时间保持较厚的状况，会因为剩下很多淀粉未被糖化而导致酿酒失败。如果单酿酒中的酒曲较少，则可以通过提升温度来提高微生物的活性。或用米糊、粥来代替水发米饭，以此来为微生物营造一个更适合发酵的环境。而且需要用糯米酿酒，因为糯米的淀粉组织弱于粳米。

米酒的过滤方法

单酿米酒在有甜味的时候最好喝。当生成气泡且二氧化碳旺盛的发酵时期结束之后,浮米层被完全发酵沉淀时,可以品尝一下酒味,在甜味比较大且可以稍微尝出酒精味的时候取酒。稍微有点酸味但又不是很浓的话更好。用白蒸糕酿的酒在发酵3～4天的时候饮用口感最好。

米酒要先摇晃一下再喝

喝米酒的人中有人把沉淀的部分倒掉只喝上面清澈的酒。但对我们身体有益的成分大部分都在酒糟中,所以将浑浊的酒糟部分扔掉只喝清澈的酒的做法非常愚蠢,大家不要效仿。

1. 最开始酿米酒

最初打算酿米酒的话,可以在发酵过程中过滤了饮用。即,米酒的酒精度数在6度左右的时候,用过滤网过滤之后即可饮用。要注意酒精度数较低,所以要尽快喝,否则容易变酸。

2. 过滤出清酒之后

如果发酵时间长,想酿出清酒或酒味比较香浓的米酒,要在发酵完全结束之后再用过滤网过滤并冷藏保存。等过滤出上层沉淀出的清酒后,再将剩下的酒糟兑上水做成米酒喝。这样可以同时得到清酒和米酒。

3. 好喝的米酒

如果只是为了酿米酒,在发酵完全结束后,可用过滤网过滤一遍,然后根据味道和酒精度数添加一定的水做成米酒喝。与发酵完全结束之前取的酒相比,米酒的味道更浓厚且包含多种香味,因而更好喝。

这种米酒因为是加了水稀释过的,酒精度数降低,也要尽快喝才好。不过,刚加入水之后因为酒和水还未充分混合,味道会比较淡,最好是放在冰箱冷藏一周左右。

享受美味的米酒

有碳酸的米酒

米酒在溶入碳酸气体之后，喝起来也像香槟一样有股清爽的口感。下面就是制造这种米酒的方法。

1. 自然发生的方法

在米酒发酵的过程中，过滤之后放入冰箱保存。

这样，在发酵持续进行过程中产生的碳酸气体就会溶入酒中。

打开盖子尝一下，由于碳酸气体的作用，会有清爽的口感。

市面上卖的米酒中，很多也都是用这种方法制造出来的。在发酵完全结束之前倒入瓶中推向市场，使其自然生成碳酸气体增加清爽的口感。

2. 添加蜂蜜

在酿好的酒中添加蜂蜜的话，酵母分解蜂蜜生成酒精和碳酸气体。这样一来，原来的米酒就变成清爽、口感好的米酒了。

3. 注入碳酸

通过使用市场上卖的碳酸注射器，在过滤好的酒中注入碳酸气体，然后为了防止气体流出进行密封保存。喝的时候也会有清爽的口感。

兑水调配甜味后饮用

一点一点地加入凉开水，根据个人口味调出酒精度数和甜度都合适的酒。如果不清楚混合比例的话，就按照酒和水 1：1 的比例调配即可。

制作带颜色的米酒

用红花、甜菜、百年草、荆芥等做成带颜色的药材粉，然后放入酒中就可以制出颜色艳丽的米酒了。这种使用了天然物质而非人工色素制造的米酒，对健康非常有益。

红花米酒 将红花种子冷冻干燥后制成粉末，在 1L 米酒中放入大约 10g 红花粉并充分混合，就制成了被红花染色的红花米酒。

甜菜米酒 将甜菜冷冻干燥后制成粉末，在 1L 米酒中放入大约 10g 甜菜粉并充分混合，就制成了被甜菜染成淡粉色的米酒。

荆芥米酒 将荆芥冷冻干燥后制成粉末，在 1L 米酒中放入大约 10g 荆芥粉并充分混合，就制成了带着荆芥特有的褐色的米酒。

丁香米酒 将丁香冷冻干燥后制成粉末，在 1L 米酒中放入大约 10g 丁香粉并充分混合，就制成了带着丁香特有的深古铜色并飘着丁香香味的米酒。

百年草米酒 将百年草冷冻干燥后制成粉末，在 1L 米酒中放入大约 10g 百年草粉并充分混合，就制成了带着百年草特有的深红色并飘着其香味的米酒。

栀子米酒 将栀子冷冻干燥后制成粉末，在 1L 米酒中放入大约 10g 栀子粉并充分混合，就制成了带着栀子特有的深红色并透着栀子香的米酒。

制作鸡尾米酒

一说起米酒，大家就会想到其颜色一般为米色或象牙色。不过，现在米酒的概念被革新了。米酒中加入了覆盆子、猕猴桃、香蕉、葡萄等水果后会变成红色、粉红色、黄色、紫色、咖啡色等颜色多样、口味不同的米酒，吸引着大众的眼球。

也可以用市面上卖的米酒来制作鸡尾米酒，但如果在自己亲手做的米酒中加入水果等制成专属于自己的鸡尾米酒，是不是感觉很棒？

有人会质疑这就不是传统米酒了吧，也有人会指责味道比较单调而且清淡，但我认为这不过是杞人忧天。先使用传统手法酿造出传统米酒，然后再加上水果做成鸡尾酒，原来的米酒就可以摇身变成更美味的米酒了。

制作鸡尾米酒的要领

米酒和水果按照3：1的比例进行，还可以视情况放入雪碧或奎宁水之后使劲摇晃。如果是发酵中的米酒，则不需要添加，但如果已经发酵结束，想要增加一些清爽口感的话可以加些雪碧。水果的种类和颜色可根据自己的喜好选择，要选择新鲜的水果，酒杯可以用玻璃杯代替传统米酒杯来营造气氛。还可以根据自己的喜好给酒起上合适的名字。

覆盆子鸡尾米酒

准备：覆盆子原汁 50ml，传统米酒 130ml，碳酸苏打 10ml

将材料放入混合桶内摇晃 6 ~ 7 次。

颜色鲜红亮丽，味道清爽，尽显出此酒优雅的魅力。

香蕉鸡尾米酒

准备：香蕉汁 50ml，柠檬汁 10ml，传统米酒 120ml，碳酸苏打 10ml

将材料放入混合桶里摇晃 6 ~ 7 次。

温馨又柔和的黄色米酒给人一种心情愉悦的感受。

西瓜鸡尾米酒

准备：西瓜汁 50ml，酸梅汁 10ml，传统米酒 120ml，碳酸苏打 10ml

将材料放入混合桶里摇晃 6 ~ 7 次。

尽显西瓜的温和、香甜、魅惑的特点。

猕猴桃鸡尾米酒

准备：猕猴桃汁 40ml，橙汁 10ml，传统米酒 130ml，碳酸苏打 10ml

将材料放入混合桶里摇晃 6 ~ 7 次。

猕猴桃的酸甜口味加上橙子的温和口感令人心情十分愉快。

葡萄鸡尾米酒

准备：葡萄汁 50ml，传统米酒 130ml，碳酸苏打 10ml

将材料放入混合桶里摇晃 6 ~ 7 次。

紫色视觉效果强烈，且葡萄甜甜的口味和香味与传统米酒完美结合，溢满嘴角。

有益健康的米酒

最近米酒的流行有一部分原因是因为其中含有有效营养成分。米酒中均匀地混入了很多对身体有益的营养成分，喝烧酒会伤胃，而米酒则可以养胃。除此之外，有关米酒可以降低血糖，促进血液循环，甚至可以抑制癌细胞生长等研究结果的发表，更是振奋人心。

大米米酒成分分析表（单位：g）

分析项目	酒精度数	蛋白质	脂肪	碳水化合物	纤维质	灰分	氨基酸	水溶性糖	PH	酸度（总酸）	热量
分析值	6.4%	1.75	0.26	5.3	0.13	0.17	0.034	0.52	4.02	0.384%	63.9kcal

出处：首尔浊酒制造协会

各种酒的营养成分对比分析

分类	酒精度数	水	蛋白质	碳水化合物	其他
米酒	6.0~8.0 度	80%	2.0%	0.8%	维生素 B、钙、各种必需的氨基酸等 10%
啤酒	4.2~6.9 度	90%	0.3%	4%	钙、铁、维生素 B 等共 1%
红酒	7.0~15 度	85%	0.2%	1%~4%	维生素 B、必需的氨基酸等 1%~5%
烧酒	16.9~25 度	99%	几乎没有营养成分		
威士忌	35~45 度	99%	几乎没有营养成分		

参考资料：2009 年 5 月 26 日《朝鲜日报》

1. 丰富的乳酸菌

生米酒中含有丰富的乳酸菌，这是米酒独有的特征。乳酸菌主要在大肠内活动，可以降低大肠内的 PH 浓度，抑制细菌活动，是我们身体不可或缺的微生物。米酒中含有丰富的乳酸菌，而像烧酒、红酒等经过杀菌处理的蒸馏酒中则不存在，这也是米酒的优越之处。

米酒中所含乳酸菌的数量有所差别，但据调查结果显示，一瓶米酒中大概有 700 亿～ 800 亿的乳酸菌，与一般 65ml 的酸奶（每毫升大约含有 1000 万个乳酸菌）相比而言，喝一瓶米酒的乳酸菌量相当于喝 100 ～ 120 瓶一般酸奶。（参考资料：2009 年 5 月 26 日《朝鲜日报》）

当然，乳酸菌通过肠胃时，相当一部分会在胃酸的作用下死亡，而幸存的少量乳酸菌通过繁殖之后，对大肠起着有益的作用。因而多喝米酒有益健康，当然，即便如此，也不能每天都喝醉。

2. 活酵母

生米酒中的酵母是活着的。酵母是把葡萄糖转化成酒精的重要微生物，其本身就是一种优质的蛋白质和矿物质。而且，酵母是由膳食纤维、维生素等对人体有效的成分构成的。

此处重要的是，事实上活着的酵母在清酒中含量较少，而在浊酒甚至是酒糟中含量较多。即米酒比清酒更有益健康。

而在古代，韩国的贵族一般喝清酒，而平民都喝米酒，由此看来，可以说平民们缺失的营养成分是通过米酒来补充的。

3. 酶的作用

米酒中既有酶，也有分泌酶的微生物。这种酶究竟在我们体内发挥着怎样的作用呢？酶的作用是分解淀粉生成葡萄糖或分解蛋白质生成氨基酸，还可将体内产生的废物分解并排出体外。因此，由于米酒中含有大量的酶，所以喝米酒等于使我们身体内部得到了净化，并促进了身体的新陈代谢。

4. 热量低，有助于减肥

各种酒的热量对比（单位：每100ml）

分类	米酒	啤酒	葡萄酒	烧酒	威士忌
热量	46	37	70	141	250

韩国农村振兴厅农村支援开发研究所"食品成分表 7 改正版"

米酒的热量比啤酒高，但与葡萄酒、烧酒、威士忌相比，则热量较低，还含有其他酒中所没有的蛋白质、乳酸菌、酶、酵母、膳食纤维和肌醇、胆碱等复合维生素 B 等，各种营养素均匀分布，所以才有了喝米酒有助于减肥的说法。一位成

年人一天所需热量是 2500 卡，一瓶 750 毫升的米酒热量为
400 卡，因此可以说，下酒菜加上一瓶米酒完全可以充当一
顿晚饭。有个前辈说用下酒菜加一瓶米酒代替晚饭，这真不
是笑话。即便如此，也不要为了减肥而每天喝一瓶米酒，那
可容易引起酒精中毒。

5. 蛋白质含量高

各种酒的蛋白质含量对比（单位：%）

分类	米酒	红酒	啤酒	烧酒	牛奶
含量	2.0	0.2	0.3	0	3

参考资料：2009 年 5 月 26 日《朝鲜日报》

　　通过比较可以看出，米酒中蛋白质含量之高，丝毫不
逊色于牛奶。米酒中的白曲菌和黑曲菌等霉菌会分泌酶，而
这些蛋白质会在酶的作用下被分解成对人体健康有益的氨基
酸。米酒中的氨基酸有蛋氨酸、异亮氨酸等 10 余种，这些
氨基酸在防止我们体内脂肪堆积、抵抗病毒、提高免疫力等
方面有很大作用。

　　米酒中的蛋白质对人体有什么作用呢？根据相关研究论
文《米酒对人体的影响》（高丽大学附属韩国营养问题研究
所朱轸淳、刘太钟教授）所述，一般情况下，酒度数越高对
肝造成的负担越大，从而导致血糖值降低，陷入昏迷或者诱
发高血压等疾病。而米酒则与一般酒不同，它含有大量的蛋
白质和糖分、胆碱、维生素 B2 等，其中蛋白质和糖分可以

防止因喝酒而造成的人体内血糖降低的现象。

维生素 B2 和胆碱则可以减轻肝脏负担，预防酒精性肝硬化或营养失调。因此，米酒中的蛋白质对人体健康发挥着重要的辅助作用，意义重大。

但站在酿酒人的立场上，蛋白质较多的酒可不是什么好酒。味道不够醇，而且时间久了还会有股酱油的气味，影响酒的口感。所以，在酿酒的时候，之所以使用淘洗次数较多的大米，就是为了尽可能地去除米中的蛋白质和脂肪成分。

6. 米酒可以预防癌症

近期学术界关于米酒的研究越来越多，并发表了很多有益的论文，可以说非常令人振奋。其中，2008 年韩国食品营养科学大会中有研究组在论文中宣称，将浓缩米酒液注入乳腺癌、肝癌、大肠癌、皮肤癌等癌细胞中之后发现，米酒有抑制癌细胞生长的效果。2009 年 5 月 26 日的《朝鲜日报》刊载韩京大学生命工学部某教授文章称："米酒中的酵母在大肠中发酵，从而抑制有害细菌滋生，并促进有益细菌的活跃，具有提高免疫力的效果，非常值得期待。"

2008 年发表的《米酒分划物抑制癌细胞生长和促进苯醌还原酶活性化的效果》一论文中认为，将米酒浓缩液按照核酸、甲醇、丁醇和水的顺序依次分开，并对各种成分抑制癌细胞生长和促进预防癌细胞指标苯醌还原酶活性化的效果进行了测定。甲醇即使加入浓度很低的样液，也可以起到很强的抑制癌细胞的效果。

7. 米酒对治疗心脏病、高血压以及糖尿病等的效果被证实

除了米酒可以预防癌细胞的论文之外，还有关于米酒有益于治疗心脏病和高血压的论文。新罗大学食品营养学科的裴松子教授的研究小组在《米酒浓缩液对小白鼠血液中的脂肪和酶活性的影响》（2001年韩国生命科学会金美香、金瑗熙、裴松子撰）一论文中称，将42只实验小白鼠分成两组，一组注射米酒浓缩液，另一组注射同样剂量的生理食盐水，按时间段对血液中的中性脂肪和胆固醇数值进行测定，结果发现，注射了米酒浓缩液的一组小白鼠血液中的中性脂肪和胆固醇数值降低了。

裴教授还提到："众所周知，酒精摄取过多会导致血液中的中性脂肪和胆固醇数值升高，存在引发动脉硬化、高血压等心血管疾病的风险，而米酒的研究结果却恰恰相反。……米酒的发酵成分可以有效抑制酒精的作用，发挥药理作用。"

裴教授还在另一项研究中称，米酒过滤之后剩下的酒糟中含有缩氨酸，而缩氨酸可以降低血压，可以发挥与高血压治疗药物相似的作用。高血压治疗药可以将血压降低到90的话，酒糟则可以将血压降低到80。

而与此不同的是，《浊酒酒糟的摄取对因链佐星引发的糖尿小白鼠血糖值的影响》（2006年，韩国食生活文化学会，金顺美、赵宇均撰）一文中称，给患有糖尿病的小白鼠注入米酒之后，发现出现了血糖值下降的现象。综上，关于米酒效果的各种研究正开展得如火如荼。

04 清酒篇

三酿酒的故事

　　一般来说，酒曲中的曲霉和酵母的含量决定了淀粉糖化、产生酒精的程度。特别是在天气寒冷的冬天，酒曲的活性就会降低，酿酒就存在一定的难度。为了解决这个问题，韩国人的祖先使用一次、二次、三次等多次发酵的方法来酿酒，此方法促进了少量微生物的大量繁殖，可以在更稳定的状态下酿酒。

　　单酿酒的酿造方法虽然很简单，但酿酒的时候只能靠含有少量微生物的酒曲发酵，所以很难酿制出味道香醇的酒，酒精度数也很低，容易导致酿出的酒发酸。相反三酿酒通过多次发酵，极大促进了微生物的繁殖，因而能酿造出酒精度高、味道醇厚的酒。使用的酒曲量少，几乎没有酒曲的香味。

　　三酿酒不仅可以酿出米酒，还可以酿出清澈的清酒，是一举两得的有效酿酒方法。本篇重点介绍三酿酒的原因也在于此。

　　利用微生物培养的三酿酒法与传统酒的其他酿造方法相比而言，能够在更稳定的状态下酿酒，并且酒的味道最好。只要掌握好这种方法，就可以开发出更好的酒。

一起来酿造三酿酒

　　虽然三酿酒的酿造方法比较繁杂，但本书的目的就是为了酿造出更好喝的酒。三酿酒的味道和香气醇厚而丰富，是其他酒所不及的，可谓是传统酒之花。为了给大家毫无保留的传授酿酒的秘诀，尽管方法繁杂，也请大家一起来实践。相信大家都能成功酿出好喝的酒。

　　和朋友们一起喝着酿造出的好酒，一起欢笑吧。

　　实践出真知，亲自酿制就能知道其中的味道了。

三酿酒酿制过程

> 1. 一次酿造，酒母 1（母酒醅）。
> 2. 二次酿造，酒母 2。
> 3. 三次酿造，重酿。

母酒和重酿

母酒（酒母）

用三酿酒的方法酿酒，需要制作酒母。用单酿酒的方法酿酒时可以不使用酒母，而直接用蒸熟的米饭。但酿制二酿酒时，需要用母酒重酿来酿酒。

重酿之前的酒叫作母酒。通常母酒和酒母被看作是相同的用语，但严格来说这两者的概念是不同的。我们把进行重酿之前的酒称为母酒，但酒母指的是可以将酒曲中的少量微生物大量繁殖的物质。因为我们把促进微生物大量繁殖的酒母当作母酒来使用，进而进行重酿，因而从这一意义上来看，母酒和酒母就成了相同的用语。

酒母的作用是促进少量微生物的大量繁殖，所以是一种发酵剂，酒母的状态会很大程度上影响酒醪（米粉、水以及酒曲的混合物）的糖化和发酵以及酒的品质。从"酒母"这一名称上也能看出它的重要性。

重酿

重酿指的是在酒母的基础上进行重复酿造。即第一次酿造的酒叫作酒母，之后在酒母的基础上补料进行再次发酵酿造的酒就是重酿的酒。一般重酿是将米蒸熟放凉后与之前酿造好的酒母混合放入发酵桶中进行。

重酿的第一个目的是为了加入大量的米饭之后稳定增加酿出的酒量。第二个目的是为了提高酒精度数，酿出最后的酒香，从而酿出高级酒。

制作母酒（酒母）的方法

母酒可以用粥、米糊、带孔的年糕、白蒸糕、水发米饭等多种原料酿制。母酒的材料处理方法不同，酒的味道或香气、酒精度数等会出现细微的差别，从而可以酿造出多种酒。因为酵母的成熟程度或状态的不同，糖化淀粉的速度或转化成糖分的量会有不同，所以酒的风味也是多样的。

古代家酿酒盛行的时候，先民们使用同一种米，利用多种方法酿酒，品味出其味道的差异，让人不得不叹服他们的智慧。

一起来酿造三酿酒

第一次酿造，一起酿造酒母 1（母酒）

在这一过程中发酵而成的酒母 1 与下一步骤中的酒母 2 的发酵过程相连，与将要学到的重酿（放入水发米饭）的发酵过程一起形成一系列的发酵，从而完成三酿酒的第一段酿造过程。这一过程如果发酵得好，那么余下的程序也将很容易，自然会酿出好酒。

所谓酒母 1 指的是使酒曲的少量微生物大量增殖的过程。通过这一过程微生物大量增殖，将很容易酿造出风味好的酒。由于酿造时产生大量的微生物，反而可以使酿酒的状态更稳定。

< 材料 >

粳米 1L（800g）， 水 2.5L， 酒曲 400g

< 工具 >

铜盆， 饭铲， 水壶（便于往米粉中加水）等， 发酵桶（坛子等 10L）

< 准备工序 >

准备制作米糊；

制作米粉；

将粳米 800g 清洗 10 分钟后放入水中浸泡 3 个小时，然后晾 30 分钟后做成细粉；

准备酒曲；

将酒曲磨碎。

制作米粉的时候严禁使用食盐

去市面上的磨坊磨米粉时，需要注意一定不能使用食盐。食盐不仅会妨碍微生物的增殖，还会杀死微生物，必须充分注意。

制作米糊的时候使用水壶

水壶要一直放到炉子上把水烧开，这样将水加入米粉中，米粉才能熟。

倒入水的时候如果沥沥啦啦地倒，水会变凉，反而不能将米粉烫熟。

一起来酿造

1. 制作米糊

用水壶将 2.5L 水煮开。

将米粉分成三等份放到铜盆里，把开水倒入每份米粉中，用饭铲搅拌成米糊。

用饭铲将成块的米粉搅拌开，使米粉均匀成熟。

将完成的米糊冷却至 25℃。

将凉水倒入盆或洗碗池中，再放入盛着米糊的铜盆，米糊将快速冷却。

2. 将酒曲与米糊混合在一起

在冷却的火糊中放入磨碎的酒曲 400g，用手搅拌。搅拌的时候用手揉和，使米糊和酒曲融在一起，反复揉搓直到米糊变成清粥状，大约需揉搓 30 分钟以上。

3. 发酵

将酿酒原料放入发酵桶里，使之适宜酵母生存的 25℃条件下发酵。

4. 制作酒母 2

将原料放入发酵桶后，过 24 个小时后确认一下发酵桶内部，如果没有异样，就在 36 ~ 48 个小时内制作酒母 2。

酒母 1 的重酿时间

　　36 ~ 48 个小时内制作酒母 2,首次酿酒的时候需要等 24 个小时。因为首次酿酒的时候酒曲中的酵母不能及时制成糖分,酵母需要经历潜伏期才能增殖,发酵的活性不够,所以需要等段时间才能进行重酿。

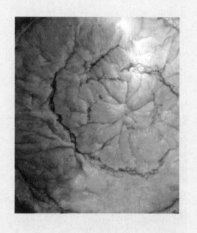

酒母 1 表面变得像年糕一样

　　制作酒母 1 的时候,在发酵的过程中,有时候原料的表面可能会状如年糕。原因是米糊或粥不够熟,或酒曲的量过少,表面在进行糖化之前水分就干掉变硬。

　　这时使用过滤网把酒母 1 过滤一遍,也可以放置不管,继续制作酒母 2,培养微生物。

酒母 1　36 个小时后的样子

根据水量确定重酿时间?

　　根据水量的不同,重酿的时间也不尽相同。水量越少,重酿的时间越延后,相反水量越多,越要提前进行重酿,这样才能在稳定的状态下酿出酒。酿酒的过程中,必须每隔 24 个小时打开看一看发酵情况和酒母的样子,感觉一下香气和味道,听一听声音,这样才能酿造出没有强烈酸味的酒。

用感官判断重酿的时间

眼睛　看到发酵桶里的酒醪在二氧化碳的作用下大幅上升然后回落的痕迹。碳酸气体的气泡轻微破裂。

麸皮（酒曲渣滓）漂浮在表面。粘在麸皮上的淀粉经过糖化的过程，变成糖分，成为液体状态，所以麸皮漂浮在表面。（在制作酒母2的过程中出现这种现象）

酒曲糖化能力很弱的时候，表面化不开，将成为厚厚的一层。此时过段时间再观察一下，如果没有异常情况，在48个小时内进行酒母2的酿造过程。（酒母1的酿造过程中常发生这种现象）

耳朵　先是听到"唰"的一声气泡破裂的声音，从某一刻开始声音逐渐频繁。

鼻子　将鼻子靠近发酵桶，会感到刺鼻的强烈刺激，这是因为在发酵的过程中会排出酒精和二氧化碳。

舌头　会尝到甜味并带有酸涩的味道，还有微弱的酒精味道。

甜味是说明正在进行糖化过程，酸涩的味道是乳酸菌的酸味。此时酒精虽然量很少，但已经出现少量的酒精，说明糖分开始变成酒精。

感觉　有时表面会凝结成年糕状，这是因为酒曲的糖化力量很弱，米糊的表面变硬而出现的现象，可以继续进行酒母2的酿造。

如果酒变成上述形态，那么在酒母酿成后的24个小时内需要进行再发酵。

但如果没有到这种状态，就还需等待一段时间，在36～48个小时后进行酒母2的酿造。如果不知道该怎样确认状态，那么在酒母1酿造后48个小时内进行酒母2的酿造即可。（用粥酿造的酒母1在24个小时内进行重酿）

一起来酿造三酿酒

第二次酿造，一起酿造酒母2

使用前面做好的酒母1来做新的酒母。前面做好的酒母是母酒，可以把现在制作的新酒母看作重酿。

在酒母1的基础上放入谷物，再次培养并使微生物增殖，不需要另外加入酒曲。

当然可以在完成酒母1后就直接放入蒸熟的米饭做成二酿酒。如果不满足于二酿酒，可以通过再次培养微生物，酿出带有更醇厚的味道和美妙的香味的酒。

<材料>

粳米 1L（800g），水 2.5L，酒母 1

<工具>

铜盆，饭铲，水壶等，发酵桶（坛子等 15L）

<准备工序>

准备制作米糊；

制作米粉；

将粳米 800g 清洗 10 分钟后放入水中浸泡 3 个小时，然后晾 30 分钟，去除水分；

用磨把米磨成粉，然后用筛子筛一下。

为什么微生物要大量增殖？

酶和酵母会大量增加。微生物越多发酵力和糖化力越强。

为什么淀粉需要快速变成糖分？

只有淀粉快速变成糖分，糖分才能快速变成酒精（酒精度数 10 度以上）。这样能酿出不含醋酸的浓烈香醇的酒。此时酒精的度数在 6～10 度，醋酸菌可以利用酒精进行醋酸发酵，因此只有快速度过这一阶段，酿出的酒才能不含醋酸。

*做好米糊的窍门

酒母1和酒母2都是用米糊来酿制。如果米糊做得不好，酿酒可能失败，所以制作米糊至关重要。只要遵守下面的事项，就能做出合格的米糊。

1. 米糊需要半生半熟，意思就是一半是生的，另一半是熟的。即至少要有一半是熟的。只有这样酒曲中的酶才能分解淀粉。

2. 为了使米糊至少熟一半，水壶里的水需要一直在火上煮开。也就是说每往米粉中倒入三分之一的水时，都要把水壶放到火上使剩余的水煮开。

3. 将铜盆里的米粉分成三等份，水也要分成三等份的量，充分倒入水后，用饭铲将每一份和匀。如果哩哩啦啦的倒水，水会立刻变凉，这样米粉就不容易熟了。

4. 用饭铲搅拌分成三等份的米粉，搅拌的时候用饭铲边画圆形边搅拌，必须将结成块的米粉搅拌开。（结成块的米粉还是生的，需要尽快让它变熟）

5. 如果整体混合均匀，那就将装有米糊的铜盆放到接好凉水的洗碗池里，冷却至 25℃。

一起来酿造

1. * 制作米糊

将开水倒入米粉中制成米糊。

2. 冷却米糊

将米粉疙瘩搅拌开，将米糊冷却到 25℃。

3. 去除酒母 1 的麸皮

将酒母 1 的麸皮去除后放入冷却的米糊中。

去除麸皮（酒曲渣滓）

为了去除酒曲的气味，制作酒母2 的时候，不要直接倒入酒曲，要使用过滤网过滤掉酒曲中的麸皮。

4. 将酒母 1 和米糊混合

为了更好分解淀粉，要混合均匀。酒母的颜色要均匀浸入米糊中，搅拌直到变成清粥状，可搅拌 30 分钟以上。

5. 发酵

将原料放到发酵桶中，在 25℃的条件下发酵。

米糊放入发酵桶之后过 12 个小时确认一下发酵桶的状况，如果没有异常情况就在 24 ~ 36 个小时内进行重酿。

酒母 2 的重酿时间

在 25℃ 条件下 24 ~ 36 个小时内进行重酿。

12 个小时内一定要确认一下酒醪的状态。理论需要 24 小时以内进行重酿，不过，根据酒曲内的微生物的数量不同，重酿时间会有差异。有时微生物活性很高，很快就充满酒缸，发酵速度快得惊人，也有时候发酵速度很慢。

因此不一定需要在 24 个小时进行重酿，在 12 个小时内要确认一下酒醪的情况。酒醪的状态需要与酒母 1 相同。

参考 P115 用感官判断重酿时间

缩短重酿时间的理由

酒母 2 在酒母 1 酿造 36—48 个小时后酿造，而重酿的时间要缩短到 24 个小时以内。微生物的繁殖过于旺盛就会因饥饿而死亡，为了防止微生物饿死，需要缩短重酿时间。如果错过了重酿时间，微生物就不能继续接受养分的供给而死掉，酒就会变酸。

出现酸味的时候

如果尝味道的时候有强烈的酸味，二氧化碳的排出也不顺畅，就说明重酿的时间还没到，并且酒醪也可能出现了问题。乳酸菌可能会产生酸味。但如果酸味太强烈就说明醋酸菌造成酒醪已经酸败，就失去了重酿的意义，反而酿成醋。出现这种问题的原因很多。因为发酵能力低下而产生的酸败现象可能是因酒曲有问题或温度调节失败所导致，也可能是因为错过了重酿的时间，微生物大量死亡所导致。回顾一下制作过程找到原因，下次再酿造的时候要避免再犯同样的错误。

酸酒还能恢复正常吗？

很难恢复正常。根据酸味程度不同，情况不一。根据我个人的经验来看，不太容易恢复。有一次酿酒的时候变酸了，我放了煮过的碱性的红豆，还放入了大量的鸡蛋壳和蒸熟的米饭，然后补加了水发米饭和酒曲，但还是没有恢复正常，只好放弃。最关键的是不能酿出带酸味的酒。

关于放入水发米饭时间的说明

在用二酿酒及三酿酒的方法酿酒时放入水发米饭的时间很重要。通常要在微生物由增殖期进入停止期的时候放入水发米饭。

1. 为什么酒曲渣（麸皮）会漂起来？

酒曲中的谷物经过糖化的过程变成水状的糖分，致使酒曲渣漂浮到表面上。这说明糖化过程结束，此时要放入水发米饭，以此来追加大量的糖分。

2. 为什么二氧化碳减少？

发酵的时候会同时生成二氧化碳和酒精，多发生在微生物增殖期。越靠近增殖停止期的时候，酒精和二氧化碳的量就会减少。因此二氧化碳的量减少意味着发酵作用几近结束，糖分已经充分转化为酒精了。

3. 为什么比起微生物死亡期，在增殖期放入水发米饭更好？

在增殖期放入水发米饭比在停止期的后半期放入更稳定。如果在停止期的后半期或是死亡期放入水发米饭，此时正处于酵母菌开始死亡的时期，即使放入蒸熟的米饭，数量减少的酵母菌也很难将蒸熟的米饭全部转化为酒精。这说明与其晚放，不如早一点放入米饭，最合适的时期就是增殖期和停止期之间。

4. 24个小时以内进行重酿

如果不太清楚的话，那就从做好酒母的时间算起24个小时内进行重酿，不要超过24～36个小时。因为需要培养大量的微生物才能快速分解放入的米饭，因而如果不及时放入谷物，酵母菌就会消亡。

还有一件重要的事情就是到12个小时的时候必须仔细查看发酵桶的内部状况。因为酒母的量虽然不大，但是重酿的量很大，如果酒母的状态不好，重酿也会失败。

也就是说12个小时后观察发酵桶内部，查看酵母菌是否由活跃状态变成静止，如果有轻微破裂的气泡，尝尝味道和闻香味能感到有微量的酒精，并且有发涩发酸的甜味，那么此时就可以进行重酿了。但如果酸味太强烈，香味不好，就要再考虑是否要重酿。酸味强烈的酒已经发生了酸化发酵，以后也很难再恢复正常状态。

观察酒曲的状态，发现酒的表面浮着像年糕一样的硬皮，这是因为酒曲中的谷物不熟或酒曲的量少所致，进行重酿，使用过滤网将其过滤掉即可。

一起来酿造三酿酒

制作三酿酒的最后阶段就是将水发米饭放入做好的酒母2中完成重酿。

放入水发米饭是为了放入大量糖分来生成大量的酒精。酒母发酵的目的就是为了培养微生物，放入蒸熟的米饭是为了生成酒精。

通过酒母1、酒母2的酿造增殖了大量的微生物，之后将大量的糖，即水发米饭放入微生物中，酵母菌就会快速分解淀粉组织，将其转化为糖分，糖分就会在酵母菌的作用下生成大量的酒精。这种变化出现在放入蒸熟的米饭后大约10小时过后，在原料发生糖化的同时，开始进行酒精的发酵。

<材料>

糯米 5L

<工具>

蒸锅，铜盆，饭铲，发酵桶（坛子等 20L）

一起来酿造

1. 蒸制水发米饭

将洗好的米放入蒸锅蒸 40 分钟，焖 10 分钟后将其冷却。请参照 P71 制作水发米饭。

2. 准备酒母 2

3. 将酒母 2 和水发米饭混合在一起

将酒母 2 放入成团状的水发米饭中混合均匀，用两手揉搓。揉得足够充分，酵母菌将更好地渗透进蒸米饭时米粒产生的细小裂缝中，就能充分地分解淀粉，产生葡萄糖，从而快速进行糖化。

混合充分

作为酒曲的酒母 2 和水发米饭混合的时候要使酒母 2 和水发米饭充分混合。如果混合不均匀，就不会产生糖化，此时不但不能生成酒精，还可能产生杂菌污染。

混合时需要注意不能使水发米饭的米粒破裂。如果米饭破裂，就会涌出脂肪和蛋白质，从而影响酒的质量，破坏酒的味道。

4. 发酵

将原料放入发酵桶在 25℃下发酵 48 个小时。

进行重酿，过 48 个小时后打开发酵桶看一下是否被污染，如果没有被污染，发酵很顺利，那么继续发酵，直到表面凝结出清澈的酒。

重酿之后的状态

* 呈现三层结构

放入水发米饭后，米饭会吸收酒母 2 的液体，变成干硬的状态。

24 个小时后发酵开始进行，开始在 25℃时发酵，后来发酵桶内的温度会上升至 28℃ ~ 30℃。发酵桶内的酒醪会上下浮动，频繁发出排出二氧化碳的声音。

这种状态持续 5 ~ 7 天后，温度会渐渐下降，二氧化碳的排放也会减少。但是酒醪中的水发米饭还会继续涌动。米饭涌动是因为上方的米饭还没发酵。即如果在玻璃瓶里酿酒，就会看到最表层浮着米饭，酒精聚集在中间，发酵好的米粒沉在最下面的 3 层结构。此时搅拌一下，中间部分的酒会上升。

这种状态持续 15 ~ 20 天，20 天过后水发米饭的上面会渗出酒，表面看起来很湿润。偶尔会看到四处有气泡破裂，但是不活跃。

这种状态过后酒精会全部浮到发酵桶的上面，水发米饭就会全部发酵，沉到下面。

如果喜欢甜酒，在水发米饭上面露出酒精时就可以放入滤酒篓，取出清酒。如果喜欢稍微烈一点的酒，可以在米饭完全发酵后，放入滤酒篓取出清酒。

酿造三酿酒的时候不必非要搅拌也可以顺利酿出酒，但是为了防止酒表层的酸化，并且使之发酵均匀，可以 10 天搅拌一次酒醪。

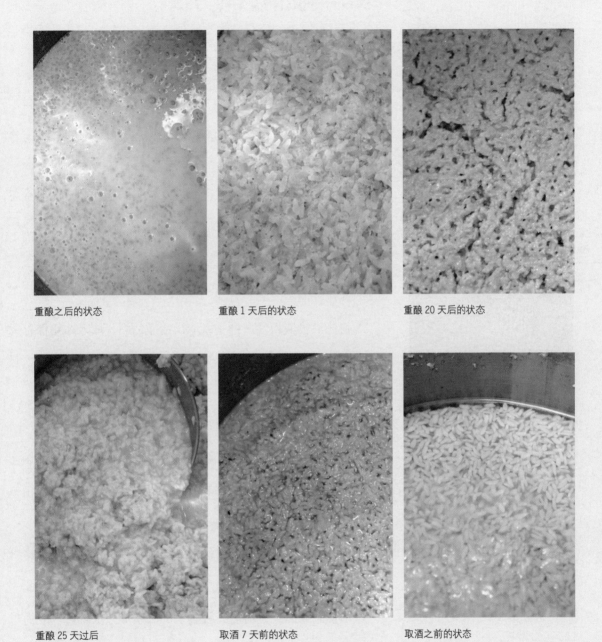

重酿之后的状态

重酿 1 天后的状态

重酿 20 天后的状态

重酿 25 天过后

取酒 7 天前的状态

取酒之前的状态

取出清澈的酒的方法

待酒醪内部的水发米饭全部沉底，清澈的酒浮上来，二氧化碳的气泡几乎不再出现，也听不到气泡声音，没有二氧化氮刺鼻的刺激时，此时的酒就处于完成发酵的状态。这时就可以取酒了。

过滤酒的方法有两种。一种是传统的方法，嵌入滤酒篓取酒，另一种方法是使用过滤网取酒。

使用滤酒篓取酒的方法

将滤酒篓嵌入发酵桶中，取出清澈的酒，放入冰箱保存并老熟。取酒时最好把滤酒篓放入蒸锅蒸一下后再使用。

使用过滤网过滤取酒的方法

将蒸锅杀菌消毒，把过滤网放入锅中，将酒糟隔离在过滤网中，用手挤压过滤。取酒后将酒盛入玻璃瓶，放入冰箱老熟。需要老熟一个月以上，味道才会变得绵软。

将酒放入冰箱老熟的时候，最初酒不是很清澈，颜色略有灰白，一周之后上面会出现清澈干净的酒，酒糟沉底。此时舀出清澈的酒就是清酒，将剩余的酒糟加入水就可以成为米酒。此时清酒的度数大约为 16 ~ 18 度。

三酿酒米酒的饮用方法

　　不使用滤酒篓，用过滤网过滤后出现乳状酒（酒精度数约为 16 ~ 18 度），这就是三酿酒酿出的米酒了。这是市面上买不到的独家特制的酒。也可以先喝上面清澈的清酒，然后将酒糟兑水，当成米酒来喝，当然味道不如前者浓。

使用滤酒篓取酒

使用过滤网取酒

长盛不衰的三酿酒

1. 独家特制的酒

前面介绍的经久不衰的三酿酒酿造法是最基本的酿酒方法。三酿酒是可以不依赖古文献记载，在家也可以很容易实践的酿酒方法。只要按照前面的方法来做，几乎不会失败。尝试几次后，就能酿造出具有独家特色的酒。

看古文献记载的酿酒方法时，刚开始会很难理解，也不容易成功。抱着简单的想法，带着成功酿酒的自信，然后再来挑战古文献中的酿酒方法，一定会开发出专属于自己的特别的酒。在此之前很有必要补充酿酒的基本知识。

2. 一起来酿造

不要过分纠结于酿酒理论，实践很重要。在酿酒的过程中怀着成功的希望，努力把理论和实践相结合，就能酿造出独家特制的酒。而太过于计较理论是酿不出酒的。

3. 水量的调控（制作配方）

单位：L

类别	米	水	酒曲
酒母1（母酒）	2	5	800g
酒母2	2	6	
重酿	10		
合计	14	11	
比例	1	0.8	

现在我们要学会自己制作酿酒配方来酿酒。酒这种饮料属于个人爱好，喜欢甜酒的人可以酿制出带甜味的酒，喜欢烈一些的酒的人可以酿成烈酒。怎样才能做到这样呢？这需要控制好水和米的量。即米和水的比例为 1：1 时才能酿制口味适中的酒，1：0.8 时能酿出甜酒，1：1.2 时能酿出辣酒。我们可根据自己的爱好来酿酒。

酿酒时需要注意的是如果放入过多的水，酒精的含量就会降低，可能被醋酸污染。安全的方法是适当减少相应的水量。酿造甜酒的时候不易被污染，酿制过程比较顺利。酿制完成后加水调节口味即可。尝试一下酿造自己的专属酒吧。

4. 酒母的调配

我们用米糊来制作酒母，也可以用粥来制作，还可以使用白蒸糕或带孔的年糕。使用这些材料可以酿出不同味道的酒。

5. 制作酒曲

可以使用酒厂制作的酒曲，最好还是要使用亲自制作的酒曲。自己制作发酵酒曲，然后与现有的酒曲混合使用，会增加酒曲的香味，酿出口味独特的酒。

6. 添加药材和水果

放入木蓝、丁香、当归、人参、艾蒿杆、松树芽、生姜等药材，或金达莱、菊花等的花瓣，或加入覆盆子、草莓、葡萄等水果，或添加玫瑰花、洋甘菊等香草来酿酒。药材需要熬制好才能用于制作酒母，也可以在重酿的时候加入，视情况而定即可。

酿出酒后还可以利用其独特的香气制成清香的茶类。重酿时放入覆盆子等水果可以酿成美味的水果酒。了解了基本的酿酒常识后，就可以将其应用到酿酒的实践中。

一起来酿造

一起用前面学过的三酿酒的方式来酿制美味的酒吧。

惜吞酒、甜南瓜酒、红曲酒、覆盆子酒、当归酒、生姜酒、杜鹃酒、三亥酒、洞庭春

> **提示**
> 三酿酒的酿造过程、重酿的时间以及与发酵相关的详细情况请参照前面的内容。

一起来酿造惜吞酒

　　惜吞酒顾名思义，就是由于酒的味道太好了，以至于将其喝掉不免感到可惜。与 15 世纪 50 年代的《山家要录》和 17 世纪 70 年代的《饮食知味方》中记载的"黄金酒"的酿造方法相同，惜吞酒是二酿酒的代表酒种。

　　所谓二酿酒就是与前面提到的三酿酒不同，它是将水发米饭放入酒母 1 中酿酒的方法。在用三酿酒的方法酿酒时，制作酒母 1 需使用米糊，而惜吞酒则不用米糊，它用粥来制作酒母，然后加入水发米饭重酿。

　　在酿制二酿酒的时候需要有更多的微生物才能在稳定的状态下酿出酒，味道才会更醇厚，二酿酒与单酿酒相比，可以说是更上一层楼。二酿酒酿成后，可以同时酿出清酒和米酒。

< 材料 >

　　酒母：粳米 1L，水 5L，酒曲 400g

　　重酿：糯米 5L

< 工具 >

　　锅，铜盆，饭铲，发酵桶

制作酒曲的准备工序

　　准备制作粥；

　　制作米粉；

　　将 1L 粳米洗净，在水中浸泡 3 个小时，然后晾 30 分钟，用磨磨成粉，用筛子筛一下；

　　将酒曲磨碎。

准备重酿

　　准备蒸制米饭；

　　将 5L 糯米洗净，捞出晾 30 分钟，晾干水分。

一起来酿造酒曲

1. 熬粥

将磨细的米粉加入 2L 水，使米粉散开，将剩余的 3L 水煮开。这是为了防止一开始将 5L 水放入熬粥会糊锅。

将煮开的水加入米粉水中，用饭铲朝同一方向持续搅动，防止糊锅。一开始熬粥的时候气泡会从锅的周围涌上来，渐渐聚到中心，煮到锅的中间有煮开的气泡的时，用小火熬 5 分钟，然后放凉。

2. 将酒曲和粥混合在一起

将粥放凉，然后放入磨碎的酒曲。用手多次揉和使酒曲和粥混合均匀。

3. 发酵

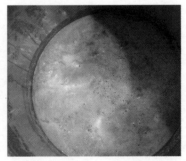

将混合成的原料放入发酵桶发酵。

发酵 12 个小时后看一看发酵桶的内部，判断重酿的时间，24 个小时内进行重酿。

提前重酿

"粥"是酶最容易淀粉分解的状态，所以重酿的时间要比用米糊时提前。如果掌握不好重酿的时间，微生物开始死亡，会因为杂菌产生酸化现象。用米糊发酵的时候需要在 25℃下、48 个小时内进行重酿。用粥发酵的时候要比米糊提前 24 个小时进行重酿。

据古文献记载："冬季发酵 7 天过后进行重酿，春季发酵 5 天过后进行重酿，夏季发酵 3 天过后进行重酿。"但现在需要提前重酿，冬季发酵 2 天，春天发酵 1 天，夏季发酵 12 个小时就可以进行重酿了。要仔细观察酒母的发酵状态，把握好重酿的时机。

一起来重酿

1. 蒸制水发米饭

参考"米酒篇"。

2. 将水发米饭和酒曲混在一起

用双手揉和水发米饭和酒曲。揉得足够充分酵母菌将更好的渗透进蒸米饭的过程中米粒产生的细小裂缝中，就能充分的分解淀粉，产生葡萄糖，从而快速进行糖化。

3. 发酵

将酒醪放入发酵桶在25℃下发酵。

4. 搅拌酒醪

隔7天搅动一下。

5. 取酒

酿成后用滤酒篓或过滤网取酒。

用米糊和粥做酒母的区别

三酿酒用米糊做酒母，惜吞酒则用粥做酒母。两者有什么区别呢？

两者的区别在于米糊是半生半熟的状态，粥是完全熟的状态。米糊有一半是生的，所以分解淀粉的时候比粥慢两倍。

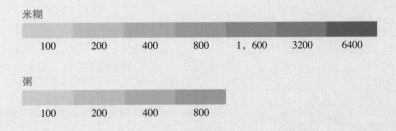

米糊

| 100 | 200 | 400 | 800 | 1，600 | 3200 | 6400 |

粥

| 100 | 200 | 400 | 800 |

米糊比粥分解的时间要多两倍，微生物酵母在作用时产生的差别很大。酵母菌每两个小时进行一次细胞分裂。这种分裂呈几何级数式。但米糊和粥也会产生同样的发酵结果。

从记录表看来，如果酒曲内的酵母菌有 100 个，米糊最终会产生 6400 个酵母菌分解重酿材料中的米，从而酿成酒。粥最终会产生 800 个酵母菌分解重酿材料中的米。用米糊酿成的酒能产生的微生物更多，酿出的酒度数也高。相反，粥产生的微生物少，酿出的酒精度低。

这也关乎酒的有效期。用米糊酿出的酒度数较高，需要一年以上才能完全老熟。相反，用粥酿成的酒度数低，只有一个月左右的有效期。

粥比米糊的淀粉组织更容易被酵母菌分解，所以会快速被分解掉。如果不添加谷物，酵母菌就会死掉。因此用粥酿酒时，要比用米糊时多加注意。

一起来酿造甜南瓜酒

甜南瓜酒是将甜南瓜的香甜柔软的味道和传统酒相融合的酒。用二酿酒的方式酿成，在最后的重酿中将蒸熟的甜南瓜和水发米饭混在一起发酵，酿出的酒融合了甜南瓜特有的绵软和甜味。

< 材料 >

酒母：粳米 1L，水 3L，酒曲 400g

重酿：糯米 2L，甜南瓜 1.0kg

< 工具 >

发酵桶，蒸锅，饭铲等

< 准备工序 >

将甜南瓜洗净放入蒸笼中蒸熟，然后用筛子挤碎；

将甜南瓜洗净后分成四块，去除里面的种子，放入蒸笼中蒸。蒸熟后剥掉南瓜皮，用筛子挤碎。

 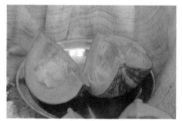 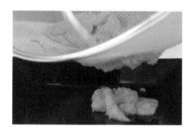

什么时候放入甜南瓜？

至于何时放入甜南瓜，则可以视情况而定，既可以在制作酒母的时候加入，也可以在重酿的时候加入。与做酒母的时候相比，最好在重酿的时候放入。如果在制作酒母的时候放入南瓜，会因为二氧化碳导致颜色和味道的流失。因而正确的做法应在重酿的时候放入南瓜。可以和米饭一起蒸，否则将导致过程烦琐。

一起来酿造酒母

1. 制作米糊

2. 将米糊和酒曲均匀混合

3. 发酵

过 24 小时的时候看一看发酵桶的内部，如果没有异常，在 36 ~ 48 个小时内进行重酿。

一起来重酿

2. 将水发米饭、甜南瓜与酒母混合

3. 发酵

酒母制作完成，将酒母冷却后，加入水发米饭和用筛子挤碎的甜南瓜后混合。

一起来酿造红曲酒

　　天台红曲酒是古代中国皇室喝的酒，自16世纪传入韩国，被记录在《东医宝鉴》中，它被认为是药理作用很强的酒。红曲由中国的中药制成，据古典药书《本草纲目》记载，红曲能帮助消化吸收及促进胃的活动，有助于血液循环。根据最近的研究，红曲被公认为具有降低胆固醇、增强免疫力、降血压、抗癌、强化骨密度、抗老化、降血糖等效果。酿制天台红酒的时候使用红曲米，是将白米清洗、杀菌后培养发酵出红曲菌丝体的米。

< 材料 >

　　酒母1：粳米 1L，水 2.5L，酒曲 400g

　　酒母2：粳米 1L，水 2.5L

　　重酿：糯米 5L，红曲米 200g

< 工具 >

　　发酵桶，蒸锅，饭铲等

红曲米

　　红曲是红色酒曲的意思，是用红曲霉菌将大米发酵而成的红米。红曲霉菌成长的过程中产生红色的色素，使米变成红色，所以叫作红曲。红曲菌在分类上属于半子囊菌纲中的红曲菌属，现在大约 20 种菌株，种类有 70 种。

一起来酿造酒母 1　请参照 P112

一起来酿造酒母 2　请参照 P116

一起来重酿

1. 用红曲米做成水发米饭

将晾干的米和 200g 红曲米混合在一起。

将米蒸熟，冷却至 25℃。

红曲米可以放入酒曲中，但会导致颜色改变，所以可以在蒸米饭的时候将其一起蒸熟。这时将红曲米用研磨器磨成粉，与糯米混合后蒸熟，不仅颜色漂亮，也有助于红曲米的发酵。

2. 将水发米饭和酒母 2 混合在一起

3. 发酵

待酒母 2 充分的渗入水发米饭中就是混合均匀了。注意混合的时候不要让米饭颗粒破裂。需揉和 30 分钟以上。

将重酿的材料放入发酵桶中在 25℃下发酵。24 个小时后看一看发酵情况，如果没有被污染就继续完成发酵。隔 10 天搅动一次。完成发酵之后用滤酒篓或过滤网取酒。

一起来酿造覆盆子酒

用水果来酿酒

下面我们用三酿酒的方法来酿制覆盆子酒。覆盆子自古以来就被用作补充壮阳的药材。韩国的覆盆子酒如同法国的葡萄酒，味道好，颜色红透，堪比葡萄酒。并且覆盆子还有很强的药用价值，据说吃了撒尿能把盆打翻，有公认的显著壮阳作用。

下面使用三酿酒的方法来酿制，还可以进一步用五酿酒的方法，能酿制出更透明的酒，口味也更受众人欢迎。

< 材料 >

酒母 1：粳米 1L，水 2L，酒曲 400g

酒母 2：粳米 1L，水 2L

重酿：糯米 6L，覆盆子 2kg

< 工具 >

发酵桶，蒸锅，饭铲等

< 准备工序 >

如果覆盆子是被冷冻保存的，那么在酿酒前的 6 个小时就要把覆盆子拿出来。

提前一天将冷冻的覆盆子拿出来使之自然解冻，将有利于和其他材料混合，温度也适宜。在冷冻状态下很难与其他材料混合，还会降低原料的温度，不利于酵母菌的作用。

一起来酿造酒母 1　请参照 P112
一起来酿造酒母 2　请参照 P116

一起来重酿

1. 蒸制水发米饭

　　将米蒸熟后，在竹罩子上铺上棉布，然后将米饭铺开放凉。

2. 将水发米饭和酒母 2 混合在一起

　　水发米饭完全冷却后与酒母 2 混合在一起（揉和 30 分钟以上）

3. 放入覆盆子混合

　　将水发米饭和酒母 2 混合在一起后，放入覆盆子，再混合一次。

4. 发酵

　　将重酿的材料放入发酵桶里，在 25℃下发酵。24 个小时后看一看发酵情况，如果没有被污染，就继续进行发酵。隔 10 天搅动一次。完成发酵后用滤酒篓取酒。

　　覆盆子酒是水果酒，发酵时间较长。只有这样才能显出水果特有的香味，使酒在香甜的同时还具有多种风味。在冰箱里老熟 2～3 个月，味道会更醇厚。

放入覆盆子时的注意事项

　　放入覆盆子与其他材料混合时，用手翻要混合均匀，还要小心不让覆盆子果实破裂。如果果实破裂，酒就会变浑浊，会因为过多的水分增加而使酒变质。

水果酒的酿造方法

用传统方法酿造葡萄酒

韩国的葡萄与国外的葡萄相比甜度低。所以酿制葡萄酒的时候因为甜度低发酵的不充分，味道也不好。所以古人在用葡萄酿酒的时候常添加谷物酿制。下面介绍一下 16 世纪 40 年代的《需云杂方》记载的葡萄酒酿造方法。

第一种方法　用 3 斗粳米制成粥，然后放凉，混入 7 升酒曲，放入缸中。发酵好之后将 3 斗粳米洗净蒸熟放凉、3 升酒曲、1 斗葡萄末（生葡萄挤碎）与酒母混合发酵。

第二种方法　将葡萄捣碎，与 5 升糯米制成粥后放凉。混入 5 合酒曲粉，放入缸中，待发酵出清澈的酒即可。

酿制覆盆子酒、野草莓酒的注意事项

覆盆子和野草莓也是由于糖分低，不能充分生成葡萄糖，发酵时容易出现问题，所以与葡萄酒一样，需要添加谷物发酵。

酿制水果酒的时候调控米和水比例

用覆盆子、草莓、葡萄等酿酒的时候，谷物的投放量要多于水的量。因为米量和水量的比例为 1:1 时，酒的味道才会好，但水果中含有的水分增加了水的量。因此酿制酒母 1 或酒母 2 时，需要把水果中的水分也计入整体的水量中，加水的时候就要注意排除水果的水分，或相应增加米的量。

放入 2kg 覆盆子酿酒的时候，加入大约 2L 水即可。制作酒母 1 或酒母 2 的时候需要减少 2L 水或追加 2L 米。水果酒有一点甜味才好喝，所以米量要比水量放多一点。

用水果酿酒的方法

用葡萄、覆盆子、野草莓、桑葚、蓝莓、山葡萄等颜色深的水果与水发米饭酿酒的时候颜色和香味都不会受影响。但用苹果、梨、桃等颜色浅香味淡的水果和水发米饭酿酒时，会因为二氧化碳影响颜色和香味。这样的水果酒在取酒前要用刀搅拌。还要与酿造酿覆盆子酒一样要注意控制水量。

一起来酿造当归酒

使用药材酿酒的方法

当归是一种中药材，有助于产后身体虚弱的女性恢复身体，对女性有益。放入当归酿制的酒香味独特，但一旦放入过量，会导致药香过重，口感不好。下面我们来学习用药材酿酒的方法。

< 材料 >

酒母 1： 粳米 1L，水 2.5L，酒曲 400g，当归 10g

酒母 2： 粳米 1L，水 2.5L

重酿： 糯米 5L，当归 10g

< 工具 >

发酵桶，蒸锅，饭铲等

一起来酿造酒母 1　请参照 P112

1. 用当归熬成的水制作米糊

将 3L 水和 10g 当归放入水壶，然后熬到还剩 2.5L 水。

将当归水分别放入分成三等分的米粉中制成米糊。之后拿出当归。

2. 将米糊和酒曲混合在一起

放凉后放入 400g 磨碎的酒曲混合均匀。

3. 发酵

将材料放入发酵桶在 25℃下发酵。过 24 个小时确认发酵的情况，36 ~ 48 小时内进行重酿。

一起来酿造酒母 2　请参照 P116

一起来重酿

1. 放入当归制作水发米饭

将糯米洗净放入水中浸泡，捞出后晾干，放入 10g 当归。蒸制米饭时放入当归一起蒸。这样香味不会流失，还保持了原味。蒸水发米饭然后在 25℃下放凉。

2. 将水发米饭和酒母 2 混合在一起

将酒曲和水发米饭混合均匀，直到酒曲的颜色完全沾到水发米饭上。但是要注意混合的时候米饭不能破碎。揉 30 分钟以上。

3. 发酵

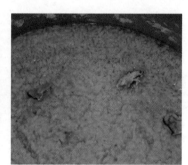

将原料放入发酵桶在 25℃下发酵。24 个小时后确认状态，如果没有污染，那么酒继续进行发酵。10 天后搅动一次。发酵完成后用滤酒篓取酒。

酿造药酒的方法

放入有益于身体的药材酿成酒可以凸显药效。主要有当归酒、人参酒、何首乌酒、五精酒、爱酒等药酒。根据酿制药酒的目的不同，放入药材的时间也不同，所以掌握放入药材的时间很重要。

放入药材的时间

1. 在酿酒的初期放入药材

加入药材酿酒的时候需要将药材放入水中熬煮后捞出药材，用适量的药汤来酿酒。用三枝九叶草、铁扫帚、党对、枸杞等药材酿酒时，像煎中药一样熬成相应量的药汤来酿酒。要注意初期放入药汤时，药材会妨碍微生物的培养（比如有杀菌效果的药材）。在酿制中期将药汤放入水发米饭中，有助于在稳定的状态下发酵。

2. 在酿酒的中期放入药汤

初期不放入药材，酿制二酿酒或三酿酒时一起放入药汤和水发米饭。比如酿制沙参酒时，不要一开始就加入沙参，可以在蒸米饭的时候加入切成片的生沙参一起蒸，然后和酒母混合。酿制杜鹃酒的时候将金达莱花一层层地混入加入水发米饭的酒母中，然后放入发酵桶中发酵。在酿造山楂酒、刺五加酒等酒的时候也是中期放入药材。像百年草、覆盆子等颜色深的药材比起晚期加入，中期与水发米饭一起混合发酵酿出的酒颜色会更漂亮。

* 熬制药材汤的方法

如果要熬出 2.5L 的药汤，就需要加入 2.5L 水，并标记刻度。然后再加入 0.5L 的水，放入 10g 当归熬煮，熬到刻度显示的地方（2.5L）即可得到想要的汤量。

3. 酿酒的末期加入药材

如果药材的香味不浓，与其初期或中期加入，不如在发酵快完成时加入酿成的酒中。此时将药材包起然后放入酒中盖上盖子，香味就会浸入酒中。但用香味浓烈的甘菊、九节草等菊花科的花、艾蒿杆、松叶等酿酒时，中期与水发米饭混合在一起发酵酿出的酒会有美妙的香味。用红色的五味子等药材酿酒的时候，因为酸味重，要在取酒之前的 1 ~ 2 天放入生五味子果实，取酒时酒就会变成红色。

4. 放入药材的量

加入药材的量与米的量比例最好为 0.5% ~ 1%。重酿的米量如果是 4kg，那么可以放入 20 ~ 40g 的药材，如果想酿出轻微清淡的酒可放入 20g 的药材，如果想酿出香味浓郁的酒则放入 40g 的药材。酿酒时酌情加减药材量。香味如果太重，酿出的酒口感可能不好，酿酒时要注意。

药酒及加香酒的酿造方法

1. 红根酒：重酿时加入药汤（枸杞、当归、五味子、川芎、生姜、大枣、淫羊藿各 5g）。

2. 山楂酒：重酿时将山楂与水发米饭和酒曲混合在一起。

3. 莲美酒：重酿的时候将藕粉与水发米饭和酒母混合。

4. 刺五加果实酒：重酿时将刺五加果实与水发米饭和酒母混在一起。

5. 人参酒：蒸米饭的时候放入人参，蒸熟后将人参拌入酒母和水发米饭中。

6. 玫瑰花酒：将水发米饭和酒曲拌在一起，在酒缸的最下面放入玫瑰花。

7. 菊花酒：蒸水发米饭的时候撒上菊花蒸。

8. 李子花酒：将水发米饭和李子花放入酒母中拌匀。

9. 杜鹃酒：将酒母和水发米饭拌匀后将金达莱花一层层放入酒醪中。

一起来酿造生姜酒

生姜的成分温补，可以驱散身体的寒气，暖肠胃，促进血液循环，同时对于缓解由于受凉而引起的呕吐和腹泻很有效果。还能促进肠胃的消化液分泌，加快肠胃蠕动，增进食欲，是有益于健康的食品，《东医宝鉴》也有记载。

因此使用生姜酿出的酒有助于肠胃功能和血液循环，增进消化吸收，酒的味道有一点刺激，同时口味绵软清香，是美味的传统酒。下面一起来酿造生姜酒吧。

<材料>

酒母1：粳米1L，水2.5L，酒曲400g

酒母2：粳米1L，水2.5L

重酿材料：糯米5L，生姜50g，桂皮20g

<工具>

发酵桶，蒸锅，饭铲等

放入生姜的时间

酿造甜南瓜酒的时候将甜南瓜和水发米饭混合在一起发酵，而酿生姜酒则要等发酵一定时间后将生姜放入坛子中。目的是为了保留生姜的香味。

微生物发酵产生酒精，放出二氧化碳，如果过早放入生姜，二氧化碳会使香味流失，酿成的酒便失去了生姜的香味。如此，酿制带有香味的酒时，不要过早放入材料，要在取酒之前放入然后取酒。这样就可以保存住香味。

一起来酿造酒母 1　请参照 P112

一起来酿造酒母 2　请参照 P116

一起来重酿

1. 蒸制水发米饭

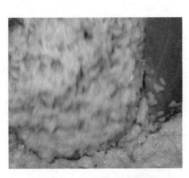

2. 将水发米饭和酒母混合在一起

用双手使水发米饭和酒母揉和均匀。

3. 发酵

混合好之后放入坛子中，在 25℃下发酵。过 10 天左右搅动一下。

4. 发酵中放入生姜

完成发酵 7 天前（水发米饭上面渗出酒来）将生姜洗净，用碓臼捣碎，将姜装入布袋中，用洗净的手拿着放入酒醪的底部。那么 7 天后取酒的时候生姜的香味就会进入酒中，生姜酒就酿制完成了。

放入将生姜和整个桂皮。桂皮可以放到上面。

完成发酵后用滤酒箩取酒。

一起来酿造杜鹃酒

用花酿酒的方法

春天金达莱将漫山遍野染成紫红色。据说中国的诗圣杜甫和诗仙李白都喝过杜鹃酒，此酒久负盛名。从古代开始杜鹃酒还被用于腰痛、气喘、解热、风湿。春天金达莱盛开的时候，采下一筐，用它的颜色和香味酿成酒。唯有沉醉！

< 材料 >

酒母 1：粳米 2L，水 5L，酒曲 800g

酒母 2：粳米 2L，水 5L

重酿：糯米 10L，杜鹃花 2L

< 工具 >

发酵桶，蒸锅，水壶等

杜鹃花和山踯躅的区别

酿制杜鹃酒需要采集金达莱，4 月初酿制没有问题，但想 5 月份酿制此酒，则就比较麻烦。因为 5 月份山踯躅也盛开了，两者不易区分。映山红和金达莱的颜色不同，容易区分，而山踯躅也和金达莱一样是淡紫色，易混淆。为什么要区分呢？因为金达莱可以吃，山踯躅不能吃。

区分方法

1. 花期：金达莱于 4 月上旬开放，山踯躅开于 5 月上旬或之后。

2. 叶子：金达莱先开花，山踯躅开花的同时长出叶子。

3. 叶子的形状：金达莱叶子的形状稍圆，山踯躅叶子的末端比较尖。

4. 花托：金达莱没有花托，山踯躅有花托。

5. 粘腻感：金达莱花的底部不发粘，山踯躅的花托底部发粘。

5 月份，只能靠区分叶子和花托的形状来辨别两种花的区别。

一起来酿造酒母 1　请参照 P112

一起来酿造酒母 2　请参照 P116

一起来重酿

1. 晾制金达莱

去除金达莱的花蕊（花蕊有毒，必须去除），将花用流水洗净，放在阴凉的地方，直至花瓣上的水晾干。

2. 将水发米饭和酒母混合在一起

用双手将水发米饭和做好的酒母 2均匀揉和到一起。

3. 将金达莱一起放入发酵桶中

将一把金达莱放入发酵桶中，上面放上混合好的材料，一层一层地放入后，再进行发酵。过 20～25 天后，清澈的酒会浮到上面，用滤酒篓或过滤网取酒即可。

黄菊花酒的酿造方法

秋天黄色的菊花盛开在山野间。这种菊花叫作甘菊，使用这种菊花能酿制出美味的酒。黄菊酒的酿制方法有三种。

第一种方法，将 30g 干甘菊像做蒸糕一样一层层放入。即在最底层放入甘菊，上面放上酿酒的酒醪（米粉＋酒曲＋水的混合物），上面再撒上甘菊。

第二种方法，将干甘菊放到水发米饭中稍微蒸一下，与酒曲和水发米饭混合在一起。

第三种方法是 16 世纪初《需云杂方》中记载的酿造方法。即："挑选香气浓郁、味道甘甜的黄菊在阳光下晒干。每酿制 1 斗清酒放入 3 两菊花，将菊花放入口袋中悬挂于距离酒表面一指的地方，将酒缸口封严。一夜过后将菊花取出。这样酒的味道会清香甘甜。有香味的花都能按如此法酿制。"这种方法与上述两种方法差别很大，但可以使酒中渗入更多的香味，使香味更浓郁。

酿制菊花酒的时候多使用第一种和第二种方法。这两种方法在发酵的过程中会因为排出的二氧化碳而使香味流失，相反使用第三种方法能使更多的香味渗入酒中，可以喝出菊花原本的香味，是一种既简单又实用的方法。

就像菊花、梅花、荷花等带有很浓香味的花，只有不直接接触酒醪才能酿出香气浓郁的酒。相反，用金达莱、桃花等这样几乎不带香味的花酿酒时，不必为了酿出香味而将其悬挂到酒里，可在酒醪混合的时候将其加入，就可以酿出带有新味道新鲜而清香的酒。

香草酒的酿造方法

　　使用洋甘菊、迷迭香、薰衣草、玫瑰、薄荷、咖啡等带有香味的香草能酿出香气和风味更佳的酒，酿制方法非常简单。使用16世纪初《需云杂方》记载的黄菊花酒的酿制方法即可。即将酿好的酒取出装入大玻璃瓶中，将洋甘菊等香草放入小袋子（干香草10g），悬挂于瓶盖处。这样香草的香味能渗入酒中，直到酒快喝完的时候还会唇齿留香。年轻人很喜欢喝，可以尝试进行酿制。

一起来酿造三亥酒

据古文献记载，流传下来的三亥酒有 13 种之多，酿制方法多样，是代表性的三酿酒。据悉，三亥酒因于正月初亥日酿制而得名。

三亥酒尽管种类多样，但共同点都是冬天酿制的酒，于正月初的亥日酿制酒母 1，下一个亥日酿制酒母 2，两个亥日相隔 12 天，所以水量很少，隔 100 天后将酒取出，酒的香味和味道更好。

首尔地区流行的三亥酒是首尔非物质文化遗产，下面我们将按照三亥酒的著名酿制专家权熙子女士的方法来酿制三亥酒。

< 材料 >

　酒母 1：粳米 2L，水 2L，酒曲 800g

　酒母 2：粳米 4L，面粉 600g

　重酿：粳米 5L，煮开后放凉的水 5L

< 工具 >

　发酵桶，蒸锅，饭铲等

< 准备工序 >

　将 2L 粳米洗净，在水中浸泡 3 个小时后捞出晾 30 分钟，然后制成米粉。

一起来酿造酒母 1 请参照 P112

1. 制作米糊

准备 2L 开水，倒入米粉中制成米糊。

2. 将米糊和酒曲混合在一起

将米糊放凉，与磨成粉的酒曲混合在一起。

3. 发酵

于 12 天后的第二个亥日制作酒母 2。

由于水量少而干，很难混合均匀，所以酒曲要尽可能的磨的细一点，然后再与米糊混合。为了与酒曲混合的更均匀，需要揉搓几次。

用少量水制作米糊

酿三亥酒制作米糊时，需要比之前酿酒时制作米糊时用的水少一点。由于水量少，因而不容易制作米糊。这时需要一边加入少量的水，一边搅拌，确保最终搅拌均匀。又因为水量较少，米糊几乎全都被酒曲化，变成酒母。糖化和发酵都不明显，发酵的过程进展很慢。所幸的是冬天天气冷，由于水少，可以延后重酿的时间。由于酿造过程发生在冬天，所以才能用少量的水制成米糊。

长时间的发酵

一般需要在 48 个小时内重酿，但三亥酒需要 12 天之后才能重酿。因为三亥酒不是在夏天酿造的，而是冬天酿造的，所以酒母 1 几乎都变成酒曲，发酵很慢，所以 12 天后可以进行重酿。并因为水量很少，酿出的酒有甜味，不用担心会被污染。

一起来酿造酒母 2　请参照 P116

1. 制作带孔年糕

　　将煮开的水一点点倒入米粉中，一边倒水一边搅拌成烫面。

　　撕下直径 5cm 的圆形米团，用手掌做揉搓成球状。

　　将面球做成扁圆状，在中间钻出一个手指粗细的孔，就做成了带孔年糕。

　　将带孔年糕放入开水中，煮一会之后，带孔年糕浮起来就将其捞出。

* 带孔年糕用于酿制几乎不含水分的酒。

2. 将带孔年糕和酒母 1 混合在一起

3. 发酵

　　将带孔年糕放入铜盆中，用饭铲捣成一团，团状的年糕放凉后用力揉搓使之与酒母 1 均匀混合。

一起来重酿

1. 用粳米制作水发米饭

　　将粳米洗净放入水中浸泡，然后捞出蒸成水发米饭。蒸粳米要比蒸糯米的时间长。

　　通常从开始冒出热气后要再蒸1个小时，蒸好后需要尝一尝是否熟透。

2. 将水发米饭和酒母2混合在一起

　　将如同酒母2分量的水煮开后放凉，加入放凉的水发米饭中混合，放入发酵桶中。

3. 发酵

　　20天后渗出清澈的酒，就可以把酒取出来冷藏保管。

　　通常三亥酒过100天后喝味道会更好。《酿酒方》中还记载有每月酿制一次的三亥酒。

低温条件下后发酵的效果

　　通常酿酒时会将发酵桶放置在酵母菌适宜生存的25℃中，直到发酵结束。三亥酒采用的是低温发酵的方法，它指的是在15℃的低温条件下酿酒。古时候，先民们于正月的亥日制作酒曲，于12天后的第二个亥日重酿，在低温条件下酿出了美味的酒。低温条件下，酵母菌的活性降低，但仍然在慢慢进行发酵，所以酿出的酒味道更为醇厚。但如果一开始就在低温条件下发酵，则会因为酵母菌的活性减弱而出现减弱发酵的现象（由于冬天气温低，糖化作用比酒精生成更为强烈，会累积大量葡萄糖，由此会妨碍酵母菌的发酵），因此在25℃条件下制作酒母和重酿，可以在放入水发米饭7～10天后，开始在15℃下进行发酵。这样虽然要多花费些时间，但还是可以酿出口味绵软、香味丰富的传统酒。

一起来酿造洞庭春

酿造洞庭春时使用的是几乎不加入水的酿酒方法，所以酿出的酒就像蜂蜜酒一样。

< 材料 >

酒母： 粳米 1L， 酒曲 400g

重酿： 糯米 5L

< 工具 >

发酵桶， 饭铲等

< 准备工序 >

将 1L 粳米洗净，在水中浸泡超过 3 个小时，捞出来晾 30 分钟，做成米粉。

水分少的酒

在酿造水分少的酒时微生物在酒曲的形态下生长，甜味很浓，不会被杂菌污染，可以延缓重酿时间。相反，水量像粥一样多的话，糖分会低，酒精度数也会低，所以容易被杂菌污染。

酿制美味而状态稳定的酒

水分要尽可能的少，酿出甜酒之后加入水，酒精的度数会降低，酿出的酒口味会很柔和，并且香气四溢。

一起来酿造酒母

1. 制作带孔年糕

将开水一点点倒入米粉中，随之用饭铲搅拌，稍微放凉一点后用手搅拌。将米粉做成手掌大小的扁宽的糕，中间钻孔。将煮开的水倒入带孔年糕中，年糕浮起来后即将其捞出，用饭铲捣成一团。

2. 将酒曲和带孔年糕混合在一起

放凉后混入 400g 酒曲粉。3 天后进行重酿。

一起来重酿

1. 蒸制水发米饭

将 5L 的糯米洗净，晾干水分后蒸熟放凉。

2. 将酒母和水发米饭混合在一起

用两手揉搓数米饭和酒母。

3. 发酵

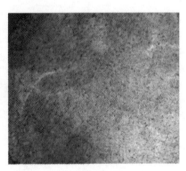

将材料放入发酵桶中，在 25℃下发酵。24 个小时后检查发酵情况，如果没有被污染就继续发酵。10 天后上下搅动一次。完成发酵后用滤酒篓把酒取出来。

酒母详解

1. 粥

米粉处于全熟状态，所以适宜微生物生长，糖化也比其他酒母进行得更快。因此在冬天微生物活动减缓的时候酿酒，可以采用粥作酒母更有利于糖化。

只不过代际（2个小时）酵母菌的繁殖呈几何级数式，粥很快会被分解，无法繁殖多代酵母菌，因而需要进行重酿，故粥比米糊产生的微生物相对要少，酿出的酒酒精度数低，口味绵软。

因为加入的水分多，所以糖度低，酒精度也低，容易被杂菌污染。值得注意的是，由于分解速度也快，一旦错过重酿时间，酒就会酸化。

但使用粥酿酒时可以在稳定的状态下大幅增加酒的量。《饮食知味方》的《醇香酒法》中就记载着发酵结束后，可以将粥加入酒中，稳步增加酿出酒量的方法。

2. 米糊

所谓米糊是米粉处于一半生一半熟（半生半熟）的状态下。粥是米粉处于全熟的状态，相反米糊处于半熟的状态。重要的是制作米糊的时候米粉至少要熟一半。要注意的是，如果米糊中成熟的米粉不到一半，那么酒曲中的酶就不能分解米粉，无法酿出酒，即使能酿出酒也是酸的。

用米糊酿酒时，有时会由于酒曲中的酶和酵母菌的量少，过48个小时后也不能完全分解，浮米层不能被完全分解。

这时如果没有时间的话就可以进行重酿了，最好推迟一点时间，这样分解的会更好（22℃ ~ 25℃发酵时）。

因为米粉太生，分解的时间要更长，因此每代酵母菌（大约2个小时）呈几何级数式繁殖出的微生物的数量比粥更多，这被认为是最合适的酿酒方法。用米糊酿制出的酒水量也适当，酒精度数也高。

3. 白蒸糕

用白蒸糕酿酒时，为了使白蒸糕散成一团，需要加入热水再烫熟一下，将其制成糯糊状。此时白蒸糕放凉后会很难散开，因而要在其保持热的状态下，放入热水，使其一点点散开。白蒸糕一般用于重酿。

4.带孔年糕

将热水倒入米粉中制成烫面，然后制成扁圆状，在中间钻一个孔，放入开水中，待年糕熟后用饭铲将其捣散，用来酿酒。用带孔年糕酿酒时放的水很少，可以酿出甜酒。

5. 水发米饭

水发米饭多用于进行重酿的阶段，不用于制作酒母。水发米饭本身不是米粉，而是米粒，所以酶分解糖化的时间更长，酒曲中含有的微生物少，与白蒸糕一样，糖化作用不充分，容易被杂菌污染。因此使用水发米饭酿酒时应该将热水倒入还没有凉的水发米饭中，再糊化一下，这样酶更容易分解淀粉，之后放凉再酿酒。

根据酒母的形态分析优缺点

	优点	缺点
粥	容易糖化。 酒的量可以稳步增加。 微生物的活动减缓的冬天或酒曲的效力弱的时候使用。	微生物的数量少。 水量多，唐都和酒精度低。 再发酵的时间快。 容易被杂菌污染。
米糊	能酿出带有甜味的烈酒。 很容易酿酒。 微生物数量多。 四季适用。	黏度高，可能会涌到发酵桶外面，需要注意观察。
白蒸糕	相比制作酒母，更多用于重酿阶段。	不容易混合均匀。 很难糖化。 容易被杂菌污染。
带孔年糕	用少量即可酿出酒。 能酿出甜酒。	不容易混合均匀。
水发米饭	相比制作酒母，更多用于重酿阶段。	不容易糖化。

根据酒母形态分析污染的可能性

一般在酒醪内部培养酵母菌的话，杂菌会很难侵入，酒精的度数达到 14 度以上时杂菌将很难繁殖。

粥	糖化作用快，能快速生成酒精，但水量多，酒精度数不高，微生物繁殖量不大，会导致杂菌繁殖。
白蒸糕	用白蒸糕酿酒时，因为蒸糕成团，微生物糖化需要的时间长，所以不能快速生成酒精，还会繁殖杂菌。当然酵母菌消化需要很长时间，尽管酵母菌是成代繁殖的，但酵母菌也可能因为饥饿而导致死亡。
带孔年糕	含有的水分少，所以糖度高，细菌污染情况比粥轻，可以稍微延后一点重酿的时间。
米糊	微生物成代繁殖，增殖旺盛，水的量也合适，酒精的度数也高，酿酒失败的概率低。

米量与水量的调控

1. 如何确定米和水的量呢？

用二酿酒、三酿酒的方式酿酒时会有这样的疑问，到底应该加入多少水和多少米才合适呢？只要按照配方加入酒可以了吗？酿制其他酒的时候应该如何控制米量和水量呢？下面具体介绍一下酿制方法。

二酿酒（单位：L，酒曲 800g）

酒母			重酿			总量	
米	水	酒曲	米	水	酒曲	米	水
2	6	1	4	0	0	6	6

从上表中的总量可以知道米和水是同量的，即整体上要放入等量的米和水，这就是米量和水量的投入比例，这个比例就是酿制甜味酒的比例。

在制作酒母的时候米和水的比例是 2∶6。重酿时米和水的比例是 4∶0，合起来米和水同量。也就是说在酿酒的时候整体上要按照 1∶1 的比例放入等量的米和水，这样酿出的酒味道才好。

三酿酒（单位：L，酒曲 800g）

酒母 1（母酒）			酒母 2			重酿			总量	
米	水	酒曲	米	水	酒曲	米	水	酒曲	米	水
1	3	1	2	8	0	8	0	0	11	11

制作酒母时米和水的比例为 1∶3，水量是米量的 3 倍，进行重酿时不一定要遵循米和水的这个比例，可以根据情况调节。但在二次再发酵的时候，整体上米和水的量比例要是 1∶1。

2. 根据米和水的比例分析酒的味道差异

根据米和水的量不同，酒的味道也有差异，上面提到需要按照 1∶1 的比例加入米和水，然而这样酿出的酒的味道和其他比例酿出酒的味道有什么差异呢？

单位：比例

米	水	味道	
1	1	基本	按照 1∶1 的基本比例。
米	水	味道	
1	0.8	甜味	水量少的话，酒的甜味会强烈，酒精度数稍低。
米	水	味道	
1	1.2	辣味	水量多的话，就的辣味强烈，酒精度数高。

基本上米和水的量是相同的。加入的水少，就能酿出甜酒，加入的水多，就能酿出烈酒。可根据个人喜好来决定。

有的人喜欢甜酒，有的人则喜欢烈一些的酒。

　　一开始酿酒的时候可以按照 1∶1 或 1∶0.8 的比例酿出略微甜的酒，然后加入水调制口味。这样能确保在稳定的状态下酿出酒，还能保证酒的口感绵软。

　　如果起初酿酒的时候就放入很多水，那么初期酒精度低，容易造成污染从而酿出酸酒，或者因为水少而酿出甜味少的烈性酒。因此，最初水的量应尽可能控制的少一点，酿出酒后添加水调节味道是酿酒成功的窍门之一。

　　将水加到酿出的美味的酒里，虽然会降低酒精度数，但并不会减弱酒的味道，也不会带有酸味。

3. 重酿的时候将热水加入水发米饭中

　　重酿时要从整体上考虑米和水的量，如果有必要添加水，可以将开水直接倒入水发米饭或白蒸糕中，使淀粉糊化，有利于发酵。

单位：L

类别	米量	水量
酒母	2	6
重酿	10	6
总计	12	12

　　从上表中酒母和重酿的总计可以看出米和水的比例是12L∶12L，是 1∶1 的等量，这样可以顺利酿出酒。进行重

酿的时候可以添加 6L 的凉水，也可以加入开水。

添加水的时候加入开水可以使水发米饭再一次糊化，之后放凉与酒母混合在一起，有助于发酵。但此举可能会导致酒浑浊。糊化的水发米饭在混合的过程中米粒可能会破碎，如果想酿出清澈的清酒，最好加入凉水，而不是开水。

重酿的时候可以根据自己的喜好调节米和水的量。

单位：L

类别	米量	水量
酒母 1（母酒）	1	3
酒母 2	2	6
重酿	6	0
总计	9	9

从三酿酒的方法中上表显示的酒母和重酿总计，可以看出米量和水量的比例为 9L：9L，即 1：1 的比例。在二次重酿中，加入水发米饭时可根据自己的喜好来调节米量。

在二次重酿时加入 5L 水发米饭，水的量就会多，酒的味道会略辣，如果加入 9L 的水发米饭，水量很少，会酿出甜酒。像这样通过调节水量，会做出不同味道的酒。酿酒的秘诀在于尽可能顺利酿出甜酒之后再加入水，使酒的口味柔和。

4. 根据酒母中谷物的形态分析水量的比例和重酿时间

谷物量	水量	酒曲量	代表酒种	再发酵时间	酒母状态
1	1	400	三亥酒	12 天 36 天	米糊
1	2	400	——	7 天	米糊
1	3	400	壶山春	2～3 天	米糊
1	4	400	——	2 天	粥
1	5	400	惜吞酒	1～2 天	粥

三亥酒

酿制三亥酒的时候将米粉制成米糊，水量和谷物量相同，这时放入的水量很少，将米糊制成发干的状态，酿出的酒带有较重的甜味，可以延后重酿时间。

壶山春

酿制壶山春的时候，将米粉制成米糊，水量增加到米粉量的 3 倍，所以比三亥酒的重酿时间早。水量多，糖度酒低，酒精的度数也低，容易被杂菌污染变质，所以需要尽早进行重酿，使酒精度数达到稳定的 14 度。

惜吞酒

酿制惜吞酒的时候要将米粉制成粥，水量是米粉量的 5 倍以上。水量很多，所以酒母的糖度低，酒精度数也很低。

因此为了防止被污染要比壶山春的重酿时间更早。

5. 酿制水量少的酒时可以延后重酿的时间

如果水量少,那么酒母就会在酒曲的形态下繁殖微生物,甜味重,不易被其他细菌污染,可以延后重酿的时间。大部分在冬天酿制的酒加入的水量很少,可以延后重酿的时间。

酿制三亥酒时于冬天的正月亥日制作酒母,12 天之后的亥日重酿,然后 12 天之后进行二次重酿。三亥酒可以延后重酿时间是因为在冬天酿制,另一个原因就是水量少。

水量少的时候会以酒曲的形态繁殖微生物,甜味重,不会被杂菌污染,可以延后重酿的时间。因此,如果想延后重酿的时间,需要少加水。

水量多的时候糖度低,酒精度数也低,所以很容易被杂菌污染。所以需要尽早进行重酿,提高酒精度数,防止细菌的污染。

酿酒失败的原因

酿酒的时候如果酿出的酒酸味太重，没法饮用，那真的很失败，并且让人心烦。放入的米和消磨的时间让人可惜。哪里出错了呢？有时候尽管开局顺利，但结果却是失败，下面我们一起来研究一下失败的原因。

1. 发酵桶等酿酒工具杀菌消毒不过关

每次使用发酵桶时都需要杀菌消毒。使用其他工具时也需要杀菌消毒。不锈钢制品需要在开水中消毒，一般的塑料制品需要将蒸馏酒放入蒸馏器中喷洒消毒。消毒至关重要。发酵桶等工具如果没有消毒，在污染的状态下使用，细菌就会长驱直入。所有的工具必须经过杀菌晾干后才能使用，潮湿的状态可能造成再次污染。

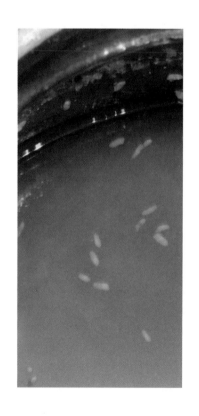

2. 不洗手便触摸酿酒工具

酿酒时需要洗手并用干毛巾擦净。手造成的污染比工具污染后果更严重。手湿的时候绝对不能触摸工具。在制作酒母的初期，酿酒原料对杂菌没有抵抗能力，所以会出现问题，最需要多加注意。

3. 使用过大的发酵桶

无论是在酿制酒母还是重酿时，发酵桶的大小要合适，将原料装入发酵桶之后应该留有 1/3 左右的余地。如果使用太大的发酵桶，它可能会被杂菌污染，因而需要选用大小合适的发酵桶。

4. 使用了发酵能力弱的酒曲

酒曲的发酵力度需要达到 300sp 以上。时间过长，酒曲的发酵力度会减弱，糖化会出问题，发酵不能正常进行，自然就会出现杂菌。最好不要使用超过一年以上的酒曲。

为了防止酒醪被污染，要尽可能地使酵母菌快速生长，使酒精度数达到 10 度以上。要注意酒精度数在达到 10 度之前，杂菌很容易入侵并繁殖。使用好的酒曲，通过培养微生物而提高发酵能力目的是为了尽快提高酒精的度数，防止酿酒失败。

5. 使用了颗粒粗大的酒曲

如果使用颗粒粗大的酒曲，那么会因为米粉和酒曲混合不均匀而出问题。酒曲中霉菌分泌酶和酵母菌。问题在于酶，酶不是微生物，它是一种物质，不能进行活动。因此，如果混合不充分，那么酶不能将相隔距离很远的米粉中的淀粉转化为糖。

因为糖化不充分而不能进行发酵，因此酒醪内的酒精度数低，容易被杂菌污染。

需要用碓臼将酒曲磨成粉后再使用。只有这样才能和米粉混合均匀，促进糖化，使酒精快速生成。

6. 混合不均匀

将制成的米糊和酒曲混合均匀并不容易。将酒曲粉放入放凉的米糊中，混合到几乎变成粥状时，酶才能快速糖化，更快地促进发酵的进行。因害怕烦琐而没有混合充分就把米糊倒入发酵桶中，酒醪的糖化和发酵都不能顺利进行。即使辛苦，也要尽力去混合均匀。只有这样才能确保酿酒成功。

7. 错过了重酿的时间

要把握好重酿时机。发酵几乎快结束时，麦麸漂浮起来或涌出的旺盛的二氧化碳归于平静，或者尝起来发甜并且能尝出酒精味道的时候就需要进行重酿。一旦错过这个时机，微生物就会因没有食物而饿死。微生物死亡后，重酿就失去了意义。酵母菌死亡后将不再生成酒精，醋酸很容易侵入。

需要掌控好重酿的时间，如果觉得把握不好，最好早一点进行。如果不知道该什么时候重酿，那么就在酒母制成后 25℃下过 48 个小时或 24 个小时后进行重酿。

8. 没有控制好温度

酵母菌的生存适宜温度为 25℃。米糊要放凉至 25℃，与酒曲混合时以及开始酿酒的时候都要保持 25℃。

在 25℃下酿酒时，发酵活跃的时候会高出 3℃，变成 28℃，所以需要注意周边的温度。如果周边的温度是 30℃，那么发酵桶内部的温度可以达到 33℃ ~ 35℃，酵母菌可能会死亡。夏天酿酒的时候如果周边的温度高，那么需要注意将发酵桶放入凉水中冷却。

9. 微生物培养失败

培养微生物的目的是产生更多的酶和酵母，快速生成酒精，保证酿酒顺利进行。想培养微生物，需要尽可能地将米制成适合微生物培养的粉状，并保证微生物在适宜的温度下生存，需要将质量好的酒曲制成粉并混合均匀。如果微生物培养失败，少量的微生物将不能形成糖化，不能生成酒精，酒会变酸。

05 烧酒篇

烧酒

　　将过滤后的清酒放入烧酒蒸馏器中蒸馏，可以得到酒精度数高且可以长时间保存的蒸馏酒。一般酿制酒的酒精度数低，不能长期保存，但烧酒却可以克服这些缺点。

一起来酿造甘红露

　　下面制作的烧酒不是市面上卖的勾兑酒，而是蒸馏式烧酒。勾兑式烧酒是将水兑入酒精中稀释，并放入阿斯巴甜等人造甜味剂调味。而蒸馏式的烧酒与此不同，是将发酵酒通过蒸馏器蒸馏，酒的味道越老熟越香醇绵软。下面我们一起来制作韩珍岛的特产珍岛红酒。

< 材料 >

　　用作蒸馏的发酵酒，灵芝草

< 工具 >

　　蒸馏器等

　　可以使用陶制蒸馏器，但是本书用的是新开发的不锈钢蒸馏器。

一起来酿造

1. 蒸馏器消毒

将蒸馏器放入水中加热 10 分钟杀菌消毒。

为了使蒸汽排出到外面，不要用凉水冷却蒸馏器。

2. 加热蒸馏酒

将 10L 发酵酒放入蒸馏锅中，将冷却器放到上面卡紧。打开冷水，用火加热。

加热后液体变成蒸汽，蒸汽冷凝成液体，利用沸点（沸腾时的温度）将酒精和水分离排出。

水的沸点为 100℃，而度数越高的酒精沸点越低（97.27°的酒精沸点为 78.15℃）。酒精首先蒸发汽化成液体排出。

3. 倒掉最初的 30ml 甲醇

倒掉最初排出的 30ml 甲醇，然后在接蒸馏液的容器上放上网（使用漏斗）。

4. 放上灵芝草

铺上布，在布上放上 20g 灵芝草。

灵芝草是一种药草，在酿制珍岛红酒时使用它可以使酒显出红色。蒸馏酒流过灵芝草就使酒带上了红色。

5. 接收一次蒸馏液

蒸馏液从灵芝草上方流下（注意不要使蒸馏液溅出来）。

一开始接到放入酒的 1/3 的量，然后停止蒸馏。

一开始蒸馏出来的（初馏）物质可能是甲醇及蒸馏器中的污染物质。蒸馏发酵酒的时候由于挥发性强，即沸点低的酯和醋醛等物质就会首先被挥发，接下来甲醇也被挥发。这些成分对身体有害，因此需要倒掉一开始接出的 30ml 蒸馏液。

最后出来的丙醇等浓缩液，比乙醇的挥发性低，这叫作后馏。后馏可以单独接出来，下次蒸馏的时候可以一起蒸馏。

一开始出来的烧酒的酒精度数是 61 度（16 度的发酵酒在大约 90℃时蒸馏出的酒精度数为 61 度左右），随着沸点升高，蒸馏出来的酒精渐渐降低为 50 度左右，此时开始出现浑浊现象。40 度时达到顶点，酒精度数达到 10 度的时候终止蒸馏。这时蒸馏出的酒达到一开始放入酒的 1/3，烧酒的平均度数为 45 度。继续进行蒸馏，出来的蒸馏液几乎没有酒精度数，会整体降低酒精度数，这样就没有意义了。

6．进行二次蒸馏

将接的 1/3 的蒸馏酒再次放入蒸馏器中。

接收蒸馏液，接到 1/3 左右时停止蒸馏。

放入玻璃瓶中保存。

将前面接的 1/3 左右的蒸馏酒再次蒸馏，来提升蒸馏酒的纯度。这时度数高的酒精也会首先蒸馏出来，渐渐随着沸点升高，蒸馏液酒精度数变低，接整体量的 1/3 左右就停止蒸馏。剩余的为后馏，下次蒸馏的时候放入一起蒸馏或扔掉。

制作烧酒的时候

1. **尽可能将酒过滤后再蒸馏**

   用作蒸馏的酒尽可能地使用过滤器过滤成清澈的酒（如不清澈，会沉积）。

2. **蒸馏酿制失败的酒**

   我们通常会尝试蒸馏此前酿制失败的酒。但即使经过蒸馏，味道也不会好。

3. **蒸馏没有发酵成熟的酒**

   如果蒸馏还没有结束发酵的酒，那么酒精成分少，反应效率低，黏度高，蒸馏液可能出现混合的现象。

4. **发酵酒蒸馏时遵循 3·3·3 法则**

   第一个 3：只接放入的酒的 1/3 的量。这样才能得到最好的蒸馏酒。

   例如：9L 的发酵酒可以接 3L 的蒸馏酒。

   第二个 3：蒸馏出的酒的度数为放入的酒精度数乘以 3。

   例如：15 度的发酵酒蒸馏出的酒的度数为 45 度。

   第三个 3：进行二次蒸馏的时候也是接 1/3 左右的时候酒停止蒸馏。后馏（蒸馏时接 1/3 左右的量之后接到的蒸馏液）需要单独接出，如果香味好就用，香味不好就进行再次蒸馏或扔掉（此时后馏即使用来点火也点不着）。

5. **选择烧酒蒸馏器时的注意事项**

   蒸馏锅和冷却器要长一点。太短的话，蒸馏出的酒会发白并浑浊。蒸馏锅下端的托有孔，最好选择孔多的。这是因为孔的上面可以放入艾蒿杆等药材，可以得到药效和香味俱佳的蒸馏酒。

6. **添加药材制作蒸馏酒的方法**

   有将药材放入即将蒸馏的酒中、将药材放入蒸馏锅下端的托中蒸馏、将药材放到流出蒸馏酒的蒸馏器下部使酒流过药材等方法。按照所获药效各有不同。

7. **蒸馏酒的储存**

   蒸馏酒会产生有刺激性的味道，因此需要经过长时间的老熟才能去掉气味。这种有刺激性的气味是因为酒中含有油性物质，要想去除这种物质，就需要保持在 5℃ ~ 8℃的条件下，冷却 12 个小时后用棉布或活性炭过滤。

8. **蒸馏酒的应用方法**

   药材浸泡后的使用：一些昂贵的药材、药的成分没有很好发挥出来的药材等在蒸馏酒中浸泡后可以用于制作过夏酒，这样会保留住香味。

   将蒸馏式的烧酒添加到酿成的酒中：在酿制味道更为清淡爽口的酒的时候，将蒸馏酒加入到酿成的酒中混合，老熟 1 个月左右就可以喝了。

   一般将多余的蒸馏酒混入发酵酒中：即使不做过夏酒，也可以将蒸馏酒加入平时酿制的酒中，能制作出味道清新爽口的酒。

何谓蒸馏?

　　蒸馏是从含有多种成分的液体混合液中,利用沸点(沸腾时的温度)的差异使物质分离或浓缩的操作过程。物质有各自固有的沸点,沸点低的物质比沸点高的物质蒸汽压高,更容易蒸发。因此,将混合溶液加热沸腾(液体煮开)后流出的蒸汽凝结,可以分离出比原来溶液的沸点低的大量液体。

　　换言之,加热酒精溶液,酒精在一定温度下达到沸腾,此时汽化的酒精浓度如同下表显示,比原来的酒精溶液的酒精浓度相比更高。因此,将蒸汽冷却液化,得到的液体比原来酒精溶液的酒精浓度高。

[表]酒精溶液和蒸汽酒精浓度

溶液的酒精浓度(%)	沸点(C)	蒸汽酒精浓度(%)
0	100	0
1	99	9.4
5	95.9	40.0
10	92.6	55.5
20	88.3	68.5
50	82.8	81.5
70	80.8	85.5
97.27	78.15	97.27

1. 蒸馏方法

加压蒸馏 常温下将气体状态下的物质加压变成液体后蒸馏，或者用于常温下是液体，但沸点比较低的物质冷凝成水的情况。一般用于通过变化蒸馏压，使在常压下很难分离的物质分离（例如：从空气中分离氮气、醋醛蒸馏）。

常压蒸馏 一般使用的蒸馏方法，不改变压强，在不同的压力下蒸馏。世界上著名的蒸馏酒都是使用常压蒸馏制成的。

减压蒸馏 是降低压力蒸馏的方法。用于沸点高，很难找到热源或冷凝媒介的物质蒸馏。大部分的蒸馏酒企业都使用这种方法，味道单一。这种蒸馏方法通过降低压力使液体在蒸馏器中汽化，大部分的酒在低温下达到沸点，收率高、节省燃料费。但酒的味道清淡，香味不够。世界上只有少数酿酒企业不使用这种方法。现在连惯于使用减压蒸馏的日本也开始盛行减压蒸馏和常压蒸馏混用的方式。

2. 加热方式

直接加热蒸馏　将蒸汽直接吹入原料中。适用于黏性大的酒醪。使用常压蒸馏法。

间接加热蒸馏　将蒸汽通过线圈间接加热酒醪。适用于减压蒸馏或黏性低的酒醪。

直接间接并用蒸馏　在蒸馏的初期直接把蒸汽吹入酒醪中加热，中间并用间接加热。可以各自单独使用。

3. 蒸馏的历史

发酵酒始于公元前5000～前4000年，烧酒、威士忌、白兰地等蒸馏酒的历史并不长。因为需要进行将液体汽化后冷却液化的蒸馏操作，所以经过很长时间这种技术才确立下来。

蒸馏器最早发现于公元前3500年左右的美索不达米亚地区，据推测，当时只是用于香水的蒸馏。蒸馏技术开始被广泛应用，开始于以波斯人为主的冶金术士们在炼制长生不老药，他们在研究生命之水的时候发现了酒精，开始使用蒸馏器。

成吉思汗的孙子忽必烈为了远征日本，入驻朝鲜半岛之后，蒙古人在开城、安东、济州岛等前哨阵地开始酿酒，并由此开启了韩国烧酒的历史。截止到朝鲜时代初期，百姓喝烧酒还不是很普遍，只有一部分士大夫家才饮用，1524 年烧酒才广泛流传到民间。

不同地区酿制的烧酒不同，但大都使用酒曲酿制发酵酒，使用蒸馏器蒸馏的方式。在日本殖民统治时期，传统的蒸馏器被取代，开始使用制作日式清酒所用的"入曲"来酿酒，并开始在传统式的蒸馏器上附加冷却罐。1961 年韩国修订了《酒税法》，烧酒分为蒸馏酒和勾兑酒，自 1965 年起，韩国以前的蒸馏酒几乎消失，勾兑酒成了主流。

过夏酒

　　17世纪《饮食知味方》中最先记载了过夏酒的制作方法。比西方的雪莉酒和波特酒早一百多年，被认为是世界上最好的酒。

《饮食知味方》记载的最早的过夏酒制造方法

　　将一瓶糖水放凉倒入 2 升酒曲中，放置一夜，之后揉搓，倒入放凉的水用筛子过滤，丢掉渣滓，将 1 斗糯米洗净并蒸至熟透，之后放入酒曲液中，三天后倒入烧酒 10 酒壶，过五日取酒。（1 瓶 =4L 左右，1 酒壶 = 800ml 左右）

　　《饮食知味方》是在庆北安东和英阳一代生活过的安东贞夫人安东张氏（1598 ~ 1680 年）记录的最早的韩文料理书。"知味"意思是"知道"和"味道"的合成。即《饮食知味方》含有知道食物味道的方法的意思。

一起来酿造过夏酒

我们按照《历酒方文》记载的过夏酒的制作方法来酿制过夏酒。《历酒方文》中记载的酿酒方法是利用单酿酒酿出发酵酒，然后混入蒸馏酒。

< 材料 >

糯米 5L，酒曲 600g，水 3L，蒸馏酒 25% 5L

< 工具 >

发酵桶，木铲等

< 准备工序 >

制作酒曲液；

将 3L 水煮开放凉，将 1.5L 放凉的水单独取出（剩余的 1.5L 保存好）；

1.5L 水中放入 600g 酒曲，浸泡 6 个小时后用筛子过滤出，过滤出酒曲渣滓。

过夏酒的关键在于酶的活性

发酵酒主要由酵母菌生成酒精，过夏酒的重点在糖化，而不是酒精。如果说酒母的作用是为了繁殖酵母菌，那么过夏酒关键则在于酶的活性。

加入蒸馏酒的时间

重酿的时候加入蒸馏酒，如果想酿出口味烈一些的酒，就要在重酿进行 2 ~ 3 天后加入蒸馏酒。这样就会酿出清澈干净的酒。

在重酿进行 7 天后加入蒸馏酒，需要注意假若蒸馏酒和发酵酒如不能很好融合，酿出的酒就会浑浊。

一起来酿造

1. 制作水发糯米饭：请参照"米酒篇"。

2. 将酒曲液和水发米饭混合在一起。

将前面制作的1.5L酒曲液和放凉的1.5L水及放凉的水发米饭混合在一起。混合的时候需要充分揉和，使水分充分被米粒吸收。

3. 发酵。

将原料放入发酵桶中，在25℃下发酵，两天之后倒入蒸馏酒。

4. 两天后倒入蒸馏酒。

两天后将酒精度数为25%的蒸馏酒加入到酿好的酒中混合发酵。待上面浮出清澈的酒后过滤取酒。

过夏酒老熟时间很重要

过夏酒一开始会散发出蒸馏酒特有的气味，所以必须要老熟 3~6 个月以上饮用才能具有过夏酒独有的味道。

在发酵酒中混入酒精度数高的蒸馏酒会发生什么现象呢？

将蒸馏酒加入发酵酒中，发酵酒中的酵母菌会因为酒精而丧失功能，不能继续进行发酵，相反会在酶的作用下继续把淀粉分解成糖，所以酿出的酒带有很强的甜味。

酶是一种物质，所以不受酒精度数的影响，但酵母菌是微生物，所以会受到高度数酒精的影响。

酒精度数由蒸馏酒来调控，但由于糖没有全部变为酒精，所以酒会带有很重的甜味。因此，为了减少甜味，可以延后加入蒸馏酒的时间，或者还可以由单酿酒改为用二酿酒或三酿酒的方式酿制后加入蒸馏酒。

过夏酒的适宜酒精度数

18% 的过夏酒和发酵酒的口感差不多，是适宜的度数。

比发酵酒的味道更醇厚。

过夏酒中加入的蒸馏酒量的衡量标准

按照重酿时加入的水发米饭为标准决定蒸馏酒的量。酒母酿出 13% 的酒 10L，重酿的时候加入 1 斗糯米，加入 13L25% 的蒸馏酒，那么过夏酒的度数为 18%。（糯米大约酿出 8L 酒）用公式表示如下。

公式（A 酒和 B 酒混合的时候酒精度数计算的方法）

$$\frac{（A\ 酒的量 \times 酒精度数）+（B\ 酒的量 \times 酒精度数）}{（A\ 酒的量 + B\ 酒的量）} = 制造出的酒精度数$$

计算式

$$\frac{（18L \times 13\%）+（13L \times 25\%）}{（18L + 13L）} = 18\%$$

1. 17%18L 三酿酒中加入多少 25% 的蒸馏酒能酿出 20% 的酒呢？用三酿酒的方式酿造过夏酒时。

$$\frac{（18L \times 17\%）+（xL \times 25\%）}{18L + xL} = 20\%$$

计算式中 x 的解为 10.8L。因此，加入 10.8L25% 的蒸馏酒就可以制作出 20% 的过夏酒。

2. 将 18L16 度的传统酒制成 8 度的米酒，需要加入多少水？

$$\frac{16 \times 18 + x \times 0}{16 + x} = 8$$

解开上面的计算式，x 为 20L。因此，18L16% 的传统酒中加入 20L 水，可以制作出 8% 的米酒。

何谓过夏酒

1. 过夏酒的产生背景

高丽末期蒸馏酒传入

成吉思汗的孙子忽必烈为了远征日本，入驻朝鲜半岛之后，在开城、安东、济州岛等前哨阵地开始酿蒸馏酒，由此出现了过夏酒。

四季鲜明的气候

韩国人的祖先们从蒸馏酒传入之前就开始饮用发酵酒，但问题在于发酵酒的储藏受限，尤其古代没有冰箱，所以夏天酒的储存就成了问题。高丽末期开始酿制的过夏酒由于优越的可储存性而受青睐。这种酒既可以保持发酵酒丰富的味道，同时还可以长时间储存。因而，过夏酒自朝鲜末期开始流行绝对不是偶然。

结合了发酵酒的优点和蒸馏酒的优点

发酵酒香醇而味道丰富，但因为酒精度数的限制而不能长期储存。相反蒸馏酒虽然比发酵酒的味道单一清淡，但酒精度数高，可以长期储存。

过夏酒结合了两种酒的优点。不仅能让人享受发酵酒多样的味道和香醇，还可以长时间储存。

2. 过夏酒是怎样的酒？

首尔式过夏酒

过夏酒汉字的意思就是可以度过夏天的酒，因其酒精度数高，易于储存而得名。通常指将蒸馏酒加入发酵酒中而制成的高度数的酒。为了区分金泉式过夏酒和首尔式过夏酒，就在过夏酒前面冠以了两地地名。

金泉式过夏酒

使用过夏泉的泉水酿制的酒称为过夏酒，酿酒的村子里的井名为过夏泉。据记载 1930 年由日韩合资的金泉酿酒公司成立，该公司酿制并销售过夏酒、药酒、浊酒，1945 年二战结束后，该公司关闭，金泉过夏酒的发展遭到中断。1987 年过夏酒被指定为庆北非物质文化遗产 11 号，现在由宋载成的儿子宋康浩传承。

全州过夏酒

朝鲜世祖时期，右议政金管（1425 ~ 1485）出使中国，中国人以过夏酒相款待，他带回了酿酒秘方，由此出现了彦阳金氏家酿酒。

全南姜荷酒

过夏酒传入的时候被称为姜荷酒，时期无从考证。

过夏酒有多种分类，《饮食知味方》中记载的过夏酒是一种混酿酒，称为"首尔式过夏酒"。金泉式过夏酒虽名为过夏酒，其实不过是发酵酒。然而最近金泉式过夏酒也开始生产将蒸馏酒加入发酵酒混合酿成的过夏酒。

3. 过夏酒的属性

发酵酒　葡萄或苹果等的糖质原料或谷物等淀粉质原料经过酵母菌的作用，产生酒精和二氧化碳，经此过程制成的酒精饮料即为发酵酒。

蒸馏酒　利用沸点的差别将混合物质中的物质提纯叫作蒸馏。将混合了酒精的酒蒸馏制成发酵酒。

混成酒　将果实或药材添加到发酵酒或蒸馏酒中酿成的酒。

混酿酒　发酵酒中混入蒸馏酒酿成的酒，如过夏酒。

4. 过夏酒的优缺点

优点　储存性、味道、多样性、稳定性
由于加入了蒸馏酒，酒精度数增高，在高温下不容易变质。同时蒸馏酒的刺激性味道减弱，即使酒精度数高，味道还是绵软，可以品味到发酵酒的醇厚多样的味道。

根据蒸馏酒的种类、蒸馏酒加入的时间、蒸馏酒的酒精

度数等可以制造出数百种过夏酒。避免发酵过程中酒产生的变质现象，保证酿酒状态的稳定。

缺点 经济性

酿制酒的时候需要蒸馏酒，制作费用增多。

5. 过夏酒的酿制原理

发酵过程中加入蒸馏酒 在单酿酒、二酿酒和三酿酒的酿制过程中加入蒸馏酒，提高酒醪的酒精度数。

由于酒精度数上升酵母菌繁殖力低下

随着酒精的度数上升，酵母菌死亡或繁殖力低下。

酵母菌的繁殖力低下和酶的糖化酵母菌是微生物，会因为酒精度数高而繁殖力低下，而酶是微生物分泌的物质，所以几乎不受影响，会继续进行糖化作用。

由于糖度的增加蒸馏酒的辣味减少 由于酶进行糖化，所以会酿出甜酒，因而蒸馏酒的辣味减少。

6. 过夏酒酿制时使用的蒸馏酒的酒精度数

使用品质中等的烧酒。使用酒精度数为 20 ~ 30% 的蒸馏酒，以 25% 为标准。

使用 25% 的蒸馏酒时酿出的酒的酒精度数是 18 ~ 20%。

使用 30% 的蒸馏酒时酿出的酒的酒精度数是 20 ~ 25%。

酒精度数的测量方法

　　酒酿好以后需要测量酒精度数。准确知道自己喝的酒的度数，可以增进对于自己酿出的酒的自豪感，让他人产生信任感。本章将详细介绍酒精度数的测量方法。

　　所有的发酵酒都不能测量出自身的酒精度数，只有在制成蒸馏酒之后才能测量，所以需要准备制作蒸馏酒所需要的工具。

　　酒精计在只有水和酒精的时候可以准确测量出酒精的度数，所以需要在测量酒精度数之前先蒸馏。

< 材料 >

　　将要测量的发酵酒，水

< 工具 >

　　酒精计，量筒（100ml），烧杯，石棉网，水泵等试验工具

测量步骤

酒精蒸馏

1. 将需要测量酒精度
数的发酵酒100ml倒
入量筒中，准确量出
100ml。

2. 将量筒中的100ml
发酵酒倒入500ml的锥
形烧瓶（蒸馏锅）中。

3. 将15ml蒸馏水（没
有蒸馏水时，可用水代
替）倒入量筒中正确测
量，并摇晃量筒壁上的
酒精，然后倒入锥形烧
瓶中。

4. 再将15mL蒸馏水(水)倒入量筒中正确测量后摇晃量筒，再倒入锥形烧瓶中。
将水分成两次倒入量筒中清洗，目的是将量筒中的酒精倒干净。清洗的时候用
手掌堵住量筒口摇晃。

5. 使用冷却器和水泵使冷却水运行，发酵酒由于水泵的热量而汽化出气体，
气体经过冷却变成液体，制成蒸馏酒（冷却水的温度必须为15℃～25℃）。

6. 将烧瓶（蒸馏锅）加热。

7. 接到70mL的蒸馏液时停止蒸馏（大约需要20分钟）。

测量酒精度数

1. 将 70ml 蒸馏液倒入量筒中。
用量筒接蒸馏液，就很容易接出 70ml。

2. 将 70ml 蒸馏酒加入 30ml 水制成 100ml 溶液，混合均匀。

3. 使用一般的棒形温度计测量出蒸馏酒的温度。

4. 插入酒精计，测量出酒精计和蒸馏酒达到顶点时的温度。

5. 酒精计与量筒中的蒸馏酒的最上面保持高度一致。

6. 蒸馏酒在 15℃下使用酒精计测量。

7. 蒸馏酒温度如果不是 15℃时，要使用修正表来测定度数。如果用酒精计测量的试验用发酵酒的度数为 20 度，温度是 25℃，那么通过修正表修正，得到的度数为 17.1 度。

酒精计的使用及修正方法

酒精计是以蒸馏酒的温度为 15℃ 为标准制成的。如果酒的温度为 15℃，那么酒精计测量时标记的酒精度数就是酒的度数。

当然蒸馏酒在冰箱中冷却制成 15℃，酒精计标记的度数就是酒的度数，但大部分情况下做不到这一点，因此需要使用修正表才能测出正确的酒精度数。

如果酒精计的度数为 35 度，温度为 24℃，则根据修正表竖列中 24℃ 和横行的酒精度数 35 度的交叉点就是酒的正确度数。

根据酒精度数修正表（参照附录），温度 24℃ 和酒精度 35 度相交点的度数为 31.3 度，也就是说将酒冷却至 15℃ 时，酒精计测量出的度数为 31.3 度。

酒精度数根据温度而变化，所以才会出现不同的数值。

蒸馏时只接出 60ml

蒸馏的目的是要知道 100ml 发酵酒中含有酒精的百分比。所以如果只得到 60ml 的蒸馏酒，那么需要追加 40ml 的水，制成 100ml 的溶液后，再使用酒精计测量发酵酒的度数。

一般怎样测量蒸馏酒或烧酒的度数？

一般蒸馏酒或烧酒的量无论多少都含有一定的酒精浓度，所以把酒放入量筒中，插入酒精计测量 15℃ 下的酒精度数即可。像前面发酵酒的测量方法一样，如果不够 100ml，需要加水制出 100ml 的溶液。

经过蒸馏的烧酒不需要经过另外的蒸馏操作，用酒精计可以直接测量度数。当然温度以 15℃ 为基准。

酒精计表示的度数是以蒸馏酒处于 15℃ 为基准的。

附 录

一起来酿造食醋

柿子醋

1. 挑选变软的柿子或即将变软的柿子去蒂,放入坛子中。7 ~ 10 天后表面会变成白色(醋酸)。

2. 此时倒入 2L 清酒(5kg 柿子),将坛子放到温暖的地方。

3. 熟成一个月之后酿制完成。

桃　醋

1. 将桃(包括桃核)放入坛子中,直到桃肉烂糊后取出桃核,再将桃肉放回坛子中。

2. 倒入 2L 清酒(5kg 桃)。将坛子放到温暖的地方。

3. 熟成一个月之后酿制完成。

青梅醋

1. 将青梅(包括核)放入坛子中,直到青梅肉烂糊后取出核,再将果肉放回坛子中。

2. 倒入 2L 清酒(5kg 青梅)。将坛子放到温暖的地方。

3. 熟成一个月之后酿制完成。

覆盆子醋

1. 将覆盆子放入坛子中,倒入 2L 清酒(5kg 覆盆子)。将坛子放到温暖的地方。

2. 熟成一个月之后酿制完成。

用糙米酿制食醋

糙米是酶很难分解的谷物。与白米或糯米不同，在浸泡后蒸的时候需要蒸制更长的时间，不过即使这样也很难熟。

虽然只有酒酸化后才能酿出醋，但只有酒精度数合适并且味道好的酒才能制作出好的食醋，因此需要用心酿酒。

谷物食醋

准备：糙米 4L，酒曲 400g，水 6L

1. 将糙米洗净，在水中浸泡 8 小时，然后捞出晾 30 分钟，蒸制 1 个小时以上。

2. 水发米饭放凉之后加入磨细的酒曲和水混合均匀。此时水作为糖水倒入水发米饭中，使水充分渗透到米中，水渗入之后铺开放凉。水发米饭放凉之后加入酒曲努力混合均匀。

3. 在 30℃的温度下使酒在缸中发酵。要比酿酒的时候温度高。

4. 过 10 天之后待出现清澈的酒就可以取酒。每两天搅动一下，可以诱导糖化作用加快并使发酵均匀。

5. 将酒取出放到消毒的坛子中沉淀，这叫作"沉醋"。

6. 沉醋的时候为了使醋酸容易生成，有面部盖住坛子的盖子，用皮筋捆住。

7. 放置到通风阴凉处，保持温度为 30℃ ~ 35℃。

8. 每天摇晃醋坛子。醋酸菌在食醋表面形成薄薄的醋膜，摇晃可以使醋酸容易渗透，促进发酵。

9. 需要花费 1 年的时间才能酿出好的食醋，黑醋则需要花费 3 年的时间。

10. 天然的糙米醋与市面上卖的食醋不同，味道不刺激，口味香醇，品质上乘。

何谓食醋?

食醋叫作醋酸发酵（酸化发酵 Acetic acid fermentation）。所谓食醋，从根本上说是酿酒失败时产生的酸化发酵。前面已经详细介绍了酿酒失败的原因，酒被污染就会变成酸酒，醋酸发酵会使味道更酸，最终变成食醋。

1. 变成醋的条件

适宜温度：30℃ ~ 35℃；酒精度数：5 ~ 10 度；

发酵状态：酒的表面产生白膜。

2. 酒变成醋的原因

营造了醋酸菌适宜生存的环境（酒精度数为 5 ~ 10 度）；水量多（由于水的稀释作用，酒精度数降低）；酒曲少（酶及酵母菌的缺少而减缓酒精发酵）；谷物不熟（由于酶的分解能力低下，酒精度数低）；温度太高（由于妨碍了酵母的活性，酒精度数低）。

3. 食醋的种类

合成食醋　纯度为 90% ~ 95% 的醋酸加入从石油中提取出的冰醋酸后，加入蛋白胨、磷酸、钾、镁、钙、糖稀等调味料，用工业方法制成。

酿造食醋　将醋酸菌加入酒精中，然后添加含氮的化合物或无机物，进行再发酵制成。

传统食醋　利用传统酒制作的食醋，含有丰富的有益于身体的氨基酸、柠檬酸、酒石酸等物质，有助于肝脏的解毒。

4. 发酵的种类

酒精发酵（酵母菌利用糖生成酒精和二氧化碳）；乳酸发酵（乳酸菌利用葡萄糖制成乳酸）；醋酸发酵（醋酸菌利用酒精制成醋酸）。

酒精度数修正表

温度 ℃	酒精成分（容量 %）																
	1.0	2.0	3.0	4.0	5.0	6.0	7.0	8.0	9.0	10.0	11.0	12.0	13.0	14.0	15.0	16.0	17.0
5.0	1.4	2.5	3.5	4.5	5.5	6.6	7.7	8.7	9.8	10.9	12.1	13.2	14.4	15.7	16.8	18.0	19.2
5.5												13.1	14.3	15.6	16.7	17.9	19.1
6.0												13.1	14.3	15.6	16.7	17.8	19.0
6.5												13.0	14.2	15.5	16.6	17.7	18.9
7.0												13.0	14.2	15.4	16.6	17.7	18.8
7.5												13.0	14.1	15.3	16.5	17.6	18.7
8.0												13.0	14.1	15.3	16.4	17.5	18.6
8.5												12.9	14.0	15.2	16.3	17.4	18.5
9.0												12.9	14.0	15.1	16.2	17.3	18.4
9.5												12.9	14.0	15.0	16.1	17.1	18.2
10.0	1.4	2.4	3.4	4.5	5.5	6.5	7.5	8.5	9.5	10.6	11.7	12.7	13.8	14.9	16.0	17.0	18.1
10.5	1.3	2.4	3.4	4.4	5.4	6.4	7.4	8.4	9.4	10.5	11.6	12.6	13.7	14.8	15.9	16.9	18.0
11.0	1.3	2.4	3.4	4.4	5.4	6.4	7.4	8.4	9.4	10.5	11.6	12.6	13.6	14.7	15.8	16.8	17.9
11.5	1.2	2.3	3.3	4.3	5.3	6.3	7.3	8.3	9.3	10.4	11.5	12.5	13.5	14.6	15.7	16.7	17.8
12.0	1.2	2.3	3.3	4.3	5.3	6.3	7.3	8.3	9.3	10.4	11.5	12.5	13.5	14.6	15.6	16.6	17.6
12.5	1.2	2.2	3.2	4.2	5.2	6.2	7.2	8.2	9.2	10.3	11.4	12.4	13.4	14.5	15.5	16.5	17.5
13.0	1.2	2.2	3.2	4.2	5.2	6.2	7.2	8.2	9.2	10.3	11.4	12.4	13.4	14.4	15.4	16.4	17.4
13.5	1.1	2.1	3.1	4.1	5.1	6.1	7.1	8.1	9.1	10.2	11.3	12.3	13.3	14.3	15.3	16.3	17.3
14.0	1.1	2.1	3.1	4.1	5.1	6.1	7.1	8.1	9.1	10.2	11.2	12.2	13.2	14.2	15.2	16.2	17.2
14.5	1.0	2.0	3.0	4.0	5.0	6.0	7.0	8.0	9.0	10.1	11.1	12.1	13.1	14.1	15.1	16.1	17.1
15.0	1.0	2.0	3.0	4.0	5.0	6.0	7.0	8.0	9.0	10.0	11.0	12.0	13.0	14.0	15.0	16.0	17.0
15.5	0.9	1.9	2.9	3.9	4.9	5.9	6.9	7.9	8.9	9.9	10.9	11.9	12.9	13.9	14.9	15.9	16.9
16.0	0.9	1.9	2.9	3.9	4.9	5.9	6.9	7.9	8.9	9.9	10.9	11.9	12.9	13.8	14.9	15.9	16.9
16.5	0.8	1.8	2.8	3.8	4.8	5.8	6.8	7.8	8.8	9.8	10.8	11.8	12.8	13.7	14.8	15.7	16.7
17.0	0.8	1.8	2.8	3.8	4.8	5.8	6.8	7.8	8.8	9.8	10.8	11.7	12.7	13.6	14.7	15.6	16.6
17.5	0.7	1.7	2.7	3.7	4.7	5.7	6.7	7.7	8.7	9.7	10.7	11.6	12.6	13.5	14.6	15.5	16.4
18.0	0.7	1.7	2.7	3.7	4.7	5.7	6.7	7.7	8.7	9.7	10.7	11.6	12.5	13.4	14.5	15.4	16.3
18.5	0.6	1.6	2.6	3.6	4.6	5.6	6.6	7.6	8.6	9.6	10.6	11.5	12.4	13.3	14.4	15.3	16.2
19.0	0.6	1.6	2.6	3.6	4.5	5.5	6.5	7.5	8.5	9.5	10.5	11.4	12.4	13.2	14.3	15.2	16.1
19.5	0.5	1.5	2.5	3.5	4.4	5.4	6.4	7.4	8.4	9.4	10.4	11.3	12.3	13.1	14.1	15.0	15.9
20.0	0.5	1.5	2.4	3.4	4.4	5.4	6.4	7.3	8.3	9.3	10.3	11.2	12.2	13.0	14.0	14.9	15.8
20.5	0.4	1.4	2.3	3.3	4.3	5.3	6.3	7.2	8.2	9.2	10.2	11.1	12.0	12.9	13.8	14.7	15.6
21.0	0.4	1.4	2.3	3.3	4.3	5.2	6.2	7.1	8.1	9.1	10.1	11.0	11.9	12.8	13.7	14.6	15.5
21.5	0.3	1.3	2.2	3.2	4.2	5.1	6.1	7.0	8.0	9.0	10.0	10.9	11.8	12.7	13.6	14.5	15.4
22.0	0.3	1.3	2.2	3.2	4.1	5.1	6.1	7.0	7.9	8.9	9.9	10.8	11.7	12.6	13.5	14.4	15.3
22.5	0.2	1.2	2.1	3.1	4.0	5.0	6.0	6.9	7.8	8.8	9.8	10.7	11.6	12.5	13.4	14.2	15.1
23.0	0.1	1.1	2.1	3.1	4.0	4.9	5.9	6.8	7.8	8.7	9.7	10.6	11.5	12.4	13.3	14.1	15.0
23.5		1.0	2.0	3.0	3.9	4.8	5.8	6.7	7.7	8.6	9.6	10.5	11.4	12.3	13.2	14.0	14.9
24.0		1.0	1.9	2.9	3.8	4.8	5.8	6.7	7.6	8.5	9.5	10.4	11.3	12.2	13.1	13.9	14.8
24.5		0.9	1.8	2.8	3.7	4.7	5.6	6.6	7.5	8.4	9.4	10.3	11.2	12.1	12.9	13.7	14.6
25.0		0.8	1.7	2.7	3.6	4.6	5.5	6.5	7.4	8.3	9.3	10.2	11.1	12.0	12.8	13.6	14.5

温度	酒精成分 （容量 %）																
℃	18.0	19.0	20.0	21.0	22.0	23.0	24.0	25.0	26.0	27.0	28.0	29.0	30.0	31.0	32.0	33.0	34.0
5.0	20.4	21.5	22.7	24.0	25.2	26.4	27.6	28.8	30.0	31.0	32.1	33.1	34.1	35.1	36.1	37.1	38.1
5.5	20.3	21.4	22.5	23.8	25.0	26.2	27.4	28.6	29.8	30.8	31.8	32.8	33.8	34.9	35.9	36.9	37.9
6.0	20.2	21.3	22.4	23.6	24.9	26.0	27.2	28.4	29.6	30.6	31.6	32.6	33.6	34.7	35.7	36.7	37.7
6.5	20.1	21.1	22.2	23.4	24.7	25.9	27.0	28.2	29.4	30.4	31.4	32.4	33.4	34.4	35.4	36.4	37.4
7.0	20.0	21.0	22.1	23.3	24.6	25.8	26.9	28.0	29.2	30.2	31.2	32.2	33.2	34.2	35.2	36.2	37.2
7.5	19.8	20.8	21.9	23.1	24.4	25.5	26.7	27.8	29.0	30.0	31.0	32.0	33.0	34.0	35.0	36.0	37.0
8.0	19.7	20.7	21.8	23.0	24.2	25.3	26.5	27.6	28.8	29.8	30.8	31.8	32.8	33.8	34.8	35.8	36.8
8.5	19.6	20.6	21.7	22.8	24.0	25.1	26.3	27.4	28.6	29.6	30.6	31.6	32.6	33.6	34.6	35.6	36.6
9.0	19.5	20.5	21.6	22.7	23.9	25.0	26.1	27.2	28.4	29.4	30.4	31.4	32.4	33.4	34.4	35.4	36.4
9.5	19.3	20.3	21.4	22.5	23.7	24.8	25.9	27.0	28.1	29.2	30.2	31.2	32.2	33.2	34.2	35.2	36.2
10.0	19.2	20.2	21.3	22.4	23.5	24.6	25.7	26.8	27.9	29.0	30.0	31.0	32.0	33.0	34.0	35.0	36.0
10.5	19.1	20.1	21.1	22.2	23.3	24.4	25.5	26.6	27.7	28.8	29.8	30.8	31.8	32.8	33.8	34.8	35.8
11.0	19.0	20.0	21.0	22.1	23.2	24.3	25.4	26.5	27.6	28.6	29.6	30.6	31.6	32.6	33.6	34.6	35.6
11.5	18.9	19.8	20.8	21.9	23.0	24.1	25.2	26.3	27.4	28.4	29.4	30.4	31.4	32.4	33.4	34.4	35.4
12.0	18.7	19.7	20.7	21.8	22.9	24.0	25.1	26.1	27.2	28.2	29.2	30.2	31.2	32.2	33.2	34.2	35.2
12.5	18.6	19.6	20.6	21.6	22.7	23.8	24.9	25.9	27.0	28.0	29.0	30.0	31.0	32.0	33.0	34.0	35.0
13.0	18.5	19.5	20.5	21.5	22.6	23.6	24.7	25.7	26.8	27.8	28.8	29.8	30.8	31.8	32.8	33.8	34.8
13.5	18.3	19.3	20.3	21.3	22.4	23.4	24.5	25.5	26.6	27.6	28.6	29.6	30.6	31.6	32.6	33.6	34.6
14.0	18.2	19.2	20.2	21.2	22.3	23.3	24.4	25.4	26.4	27.4	28.4	29.4	30.4	31.4	32.4	33.4	34.4
14.5	18.1	19.1	20.1	21.1	22.1	23.1	24.1	25.1	26.2	27.2	28.2	29.2	30.2	31.2	32.2	33.2	34.2
15.0	18.0	19.0	20.0	21.0	22.0	23.0	24.0	25.0	26.0	27.0	28.0	29.0	30.0	31.0	32.0	33.0	34.0
15.5	17.9	18.8	19.8	20.8	21.8	22.8	23.8	24.8	25.8	26.8	27.8	28.8	29.8	30.8	31.8	32.7	33.7
16.0	17.8	18.7	19.7	20.7	21.7	22.7	23.7	24.7	25.7	26.6	27.6	28.6	29.6	30.6	31.6	32.5	33.5
16.5	17.6	18.5	19.5	20.5	21.5	22.5	23.5	24.5	25.5	26.4	27.4	28.4	29.4	30.4	31.4	32.3	33.3
17.0	17.5	18.4	19.4	20.4	21.4	22.4	23.4	24.4	25.4	26.3	27.3	28.2	29.2	30.2	31.2	32.1	33.1
17.5	17.4	18.3	19.2	20.2	21.2	22.2	23.2	24.2	25.2	26.1	27.1	28.0	29.0	30.0	31.0	31.9	32.9
18.0	17.3	18.2	19.1	20.1	21.1	22.0	23.0	24.0	25.0	25.9	26.9	27.8	28.8	29.8	30.8	31.7	32.7
18.5	17.1	18.0	18.9	19.9	20.9	21.8	22.8	23.8	24.8	25.7	26.7	27.6	28.6	29.6	30.6	31.5	32.5
19.0	17.0	17.9	18.8	19.8	20.8	21.7	22.7	23.6	24.6	25.5	26.5	27.4	28.4	29.4	30.4	31.3	32.3
19.5	16.8	17.7	18.6	19.6	20.6	21.5	22.5	23.4	24.4	25.3	26.3	27.2	28.2	29.2	30.2	31.1	32.1
20.0	16.7	17.6	18.5	19.5	20.5	21.4	22.4	23.3	24.3	25.2	26.1	27.1	28.0	29.0	30.0	30.9	31.9
20.5	16.5	17.4	18.3	19.3	20.3	21.2	22.2	23.1	24.1	25.0	25.9	26.9	27.8	28.8	29.8	30.7	31.7
21.0	16.4	17.3	18.2	19.1	20.1	21.1	22.1	23.0	23.9	24.8	25.7	26.7	27.6	28.6	29.6	30.5	31.5
21.5	16.3	17.1	18.0	18.9	19.9	20.9	21.9	22.8	23.7	24.6	25.5	26.5	27.4	28.4	29.4	30.3	31.3
22.0	16.2	17.0	17.9	18.8	19.8	20.7	21.7	22.6	23.6	24.4	25.3	26.3	27.2	28.2	29.2	30.1	31.1
22.5	16.0	16.8	17.7	18.6	19.6	20.5	21.5	22.4	23.4	24.2	25.1	26.1	27.0	28.0	29.0	29.9	30.9
23.0	15.9	16.7	17.6	18.5	19.5	20.4	21.4	22.3	23.2	24.0	25.0	25.9	26.8	27.8	28.8	29.7	30.7
23.5	15.8	16.6	17.5	18.4	19.3	20.2	21.2	22.1	23.0	23.9	24.8	25.7	26.6	27.6	28.6	29.5	30.5
24.0	15.7	16.5	17.4	18.3	19.2	20.1	21.0	21.9	22.8	23.8	24.6	25.5	26.4	27.4	28.4	29.3	30.3
24.5	15.5	16.3	17.2	18.1	19.0	19.9	20.8	21.7	22.6	23.5	24.4	25.3	26.2	27.2	28.2	29.1	30.1
25.0	15.4	16.2	17.1	18.0	18.9	19.8	20.7	21.6	22.5	23.3	24.3	25.2	26.1	27.0	28.0	28.9	29.9

温度	酒精成分（容量 %）																
℃	35.0	36.0	37.0	38.0	39.0	40.0	41.0	42.0	43.0	44.0	45.0	46.0	47.0	48.0	49.0	50.0	51.0
5.0	39.1	40.1	41.1	42.1	43.1	44.0	45.0	45.9	46.9	47.9	48.8	49.8	50.7	51.7	52.7	53.6	54.6
5.5	38.9	39.9	40.9	41.8	42.8	43.8	44.8	45.7	46.7	47.7	48.6	49.6	50.5	51.5	52.5	53.4	54.4
6.0	38.7	39.7	40.7	41.6	42.6	43.6	44.6	45.5	46.5	47.5	48.4	49.4	50.4	51.4	52.4	53.3	54.3
6.5	38.4	39.4	40.4	41.4	42.4	43.4	44.4	45.3	46.3	47.3	48.2	49.2	50.2	51.2	52.2	53.1	54.1
7.0	38.2	39.2	40.2	41.2	42.2	43.2	44.2	45.1	46.1	47.1	48.1	49.1	50.1	51.0	52.0	52.9	53.9
7.5	38.0	39.0	40.0	41.0	42.0	43.0	44.0	44.9	45.9	46.9	47.9	48.9	49.9	50.8	51.8	52.7	53.7
8.0	37.8	38.8	39.8	40.8	41.8	42.8	43.8	44.8	45.8	46.8	47.7	48.7	49.7	50.6	51.6	52.6	53.6
8.5	37.6	38.6	39.6	40.6	41.6	42.6	43.6	44.6	45.6	46.6	47.5	48.5	49.5	50.4	51.4	52.4	53.4
9.0	37.4	38.4	39.4	40.4	41.4	42.4	43.4	44.4	45.4	46.4	47.3	48.3	49.3	50.2	51.2	52.2	53.2
9.5	37.2	38.2	39.2	40.2	41.2	42.2	43.2	44.2	45.2	46.2	47.1	48.1	49.1	50.0	51.0	52.0	53.0
10.0	37.0	38.0	39.0	40.0	41.0	42.0	43.0	44.0	45.0	46.0	46.9	47.9	48.9	49.9	50.9	51.8	52.8
10.5	36.8	37.8	38.8	39.8	40.8	41.8	42.8	43.8	44.8	45.8	46.7	47.7	48.7	49.7	50.7	51.6	52.6
11.0	36.6	37.6	38.6	39.6	40.6	41.6	42.6	43.6	44.6	45.6	46.6	47.6	48.6	49.5	50.5	51.5	52.5
11.5	36.4	37.4	38.4	39.4	40.4	41.4	42.4	43.4	44.4	45.4	46.4	47.4	48.4	49.3	50.3	51.3	52.3
12.0	36.2	37.2	38.2	39.2	40.2	41.2	42.2	43.2	44.2	45.2	46.2	47.2	48.2	49.2	50.2	51.1	52.1
12.5	36.0	37.0	38.0	39.0	40.0	41.0	42.0	43.0	44.0	45.0	46.0	47.0	48.0	49.0	50.0	50.9	51.9
13.0	35.8	36.8	37.8	38.8	39.8	40.8	41.8	42.8	43.8	44.8	45.8	46.8	47.8	48.8	49.8	50.8	51.8
13.5	35.6	36.6	37.6	38.6	39.6	40.6	41.6	42.6	43.6	44.6	45.6	46.6	47.6	48.6	49.6	50.6	51.6
14.0	35.4	36.4	37.4	38.4	39.4	40.4	41.4	42.4	43.4	44.4	45.4	46.4	47.4	48.4	49.4	50.4	51.4
14.5	35.2	36.2	37.2	38.2	39.2	40.2	41.2	42.2	43.2	44.2	45.2	46.2	47.2	48.2	49.2	50.2	51.2
15.0	35.0	36.0	37.0	38.0	39.0	40.0	41.0	42.0	43.0	44.0	45.0	46.0	47.0	48.0	49.0	50.0	51.0
15.5	34.7	35.7	36.7	37.7	38.7	39.7	40.8	41.8	42.8	43.8	44.8	45.8	46.8	47.8	48.8	49.8	50.8
16.0	34.5	35.5	36.5	37.5	38.5	39.5	40.6	41.6	42.6	43.6	44.6	45.6	46.6	47.6	48.6	49.6	50.6
16.5	34.3	35.3	36.3	37.3	38.3	39.3	40.4	41.4	42.4	43.4	44.4	45.4	46.4	47.4	48.4	49.4	50.4
17.0	34.1	35.1	36.1	37.1	38.1	39.1	40.2	41.2	42.2	43.2	44.2	45.2	46.2	47.2	48.3	49.3	50.3
17.5	33.9	34.9	35.9	36.9	37.9	38.9	40.0	41.0	42.0	43.0	44.0	45.0	46.0	47.0	48.1	49.1	50.1
18.0	33.7	34.7	35.7	36.7	37.7	38.7	39.8	40.8	41.8	42.8	43.8	44.9	45.9	46.9	47.9	48.9	49.9
18.5	33.5	34.5	35.5	36.5	37.5	38.5	39.6	40.6	41.6	42.6	43.6	44.7	45.7	46.6	47.7	48.7	49.7
19.0	33.3	34.3	35.3	36.3	37.3	38.3	39.4	40.4	41.4	42.5	43.5	44.5	45.5	46.4	47.5	48.5	49.5
19.5	33.1	34.1	35.1	36.1	37.1	38.1	39.2	40.2	41.2	42.3	43.3	44.3	45.3	46.2	47.3	48.3	49.3
20.0	32.9	33.9	34.9	35.9	36.9	37.9	39.0	40.0	41.0	42.1	43.1	44.1	45.1	46.1	47.2	48.2	49.2
20.5	32.7	33.7	34.7	35.7	36.7	37.7	38.8	39.8	40.8	41.9	42.9	43.9	44.9	45.9	47.0	48.0	49.0
21.0	32.5	33.5	34.5	35.5	36.5	37.5	38.6	39.6	40.6	41.7	42.7	43.7	44.8	45.8	46.8	47.8	48.8
21.5	32.3	33.3	34.3	35.3	36.3	37.3	38.4	39.4	40.4	41.5	42.5	43.5	44.5	45.5	46.6	47.6	48.6
22.0	32.1	33.1	34.1	35.1	36.1	37.1	38.2	39.2	40.2	41.3	42.3	43.3	44.3	45.3	46.4	47.4	48.4
22.5	31.9	32.9	33.9	34.9	35.9	36.9	38.0	39.0	40.0	41.1	42.1	43.1	44.1	45.1	46.2	47.2	48.2
23.0	31.7	32.7	33.7	34.7	35.7	36.7	37.8	38.8	39.8	40.9	41.9	42.9	43.9	44.9	46.0	47.0	48.0
23.5	31.5	32.5	33.5	34.5	35.5	36.5	37.6	38.6	39.6	40.7	41.7	42.7	43.7	44.7	45.8	46.8	47.8
24.0	31.3	32.3	33.3	34.3	35.3	36.3	37.4	38.4	39.4	40.5	41.5	42.5	43.6	44.6	45.6	46.6	47.6
24.5	31.1	32.1	33.1	34.1	35.1	36.1	37.2	38.2	39.2	40.3	41.3	42.3	43.4	44.4	45.4	46.4	47.4
25.0	30.9	31.9	32.9	33.9	34.9	35.9	37.0	38.0	39.0	40.1	41.1	42.2	43.2	44.2	45.2	46.3	47.3

温度	酒精成分（容量%）																
℃	52.0	53.0	54.0	55.0	56.0	57.0	58.0	59.0	60.0	61.0	62.0	63.0	64.0	65.0	66.0	67.0	68.0
5.0	55.6	56.6	57.5	58.5	59.5	60.4	61.4	62.4	63.4	64.3	65.3	66.3	67.3	68.3	69.2	70.2	71.2
5.5	55.4	56.4	57.3	58.3	59.3	60.2	61.2	62.2	63.2	64.1	65.1	66.1	67.1	68.1	69.0	70.0	71.0
6.0	55.2	56.2	57.1	58.1	59.1	60.1	61.0	62.0	63.0	64.0	65.0	66.0	67.0	68.0	68.9	69.9	70.9
6.5	55.0	56.0	56.9	57.9	58.9	59.9	60.8	61.8	62.8	63.8	64.8	65.8	66.8	67.8	68.7	69.7	70.7
7.0	54.9	55.9	56.8	57.8	58.8	59.8	60.7	61.7	62.7	63.7	64.7	65.7	66.7	67.6	68.6	69.6	70.6
7.5	54.7	55.7	56.6	57.6	58.6	59.6	60.5	61.5	62.5	63.5	64.5	65.5	66.5	67.4	68.4	69.4	70.4
8.0	54.6	55.5	56.5	57.5	58.5	59.5	60.4	61.4	62.4	63.4	64.4	65.4	66.4	67.3	68.3	69.3	70.2
8.5	54.4	55.3	56.3	57.3	58.3	59.3	60.2	61.2	62.2	63.2	64.2	65.2	66.2	67.1	68.1	69.1	70.0
9.0	54.2	55.1	56.1	57.1	58.1	59.1	60.0	61.0	62.0	63.0	64.0	65.0	66.0	67.0	67.9	68.9	69.9
9.5	54.0	54.9	55.9	56.9	57.9	58.9	59.8	60.8	61.8	62.8	63.8	64.8	65.8	66.8	67.7	68.7	69.7
10.0	53.8	54.8	55.8	56.8	57.8	58.8	59.7	60.7	61.7	62.7	63.7	64.7	65.7	66.7	67.6	68.6	69.6
10.5	53.6	54.6	55.6	56.6	57.6	58.6	59.5	60.5	61.5	62.5	63.5	64.5	65.5	66.5	67.4	68.4	69.4
11.0	53.5	54.4	55.4	56.4	57.4	58.4	59.4	60.4	61.4	62.4	63.4	64.4	65.4	66.4	67.3	68.3	69.3
11.5	53.3	54.2	55.2	56.2	57.2	58.2	59.2	60.2	61.2	62.2	63.2	64.2	65.2	66.2	67.1	68.1	69.1
12.0	53.1	54.1	55.0	56.0	57.0	58.0	59.0	60.0	61.0	62.0	63.0	64.0	65.0	66.0	67.0	68.0	69.0
12.5	52.9	53.9	54.8	55.8	56.8	57.8	58.8	59.8	60.8	61.8	62.8	63.8	64.8	65.8	66.8	67.8	68.8
13.0	52.7	53.7	54.7	55.7	56.7	57.7	58.7	59.7	60.7	61.7	62.7	63.7	64.7	65.7	66.7	67.7	68.7
13.5	52.5	53.5	54.5	55.5	56.5	57.5	58.5	59.5	60.5	61.5	62.5	63.5	64.5	65.5	66.5	67.5	68.5
14.0	52.3	53.3	54.3	55.3	56.3	57.3	58.3	59.3	60.3	61.3	62.3	63.3	64.3	65.3	66.3	67.3	68.3
14.5	52.1	53.1	54.1	55.1	56.1	57.1	58.1	59.1	60.1	61.1	62.1	63.1	64.1	65.1	66.1	67.1	68.1
15.0	52.0	53.0	54.0	55.0	56.0	57.0	58.0	59.0	60.0	61.0	62.0	63.0	64.0	65.0	66.0	67.0	68.0
15.5	51.8	52.8	53.8	54.8	55.8	56.8	57.8	58.8	59.8	60.8	61.8	62.8	63.8	64.8	65.8	66.8	67.8
16.0	51.6	52.6	53.6	54.6	55.6	56.6	57.6	58.6	59.6	60.6	61.7	62.7	63.7	64.7	65.7	66.7	67.7
16.5	51.4	52.4	53.4	54.4	55.4	56.4	57.4	58.4	59.4	60.4	61.5	62.5	63.5	64.5	65.5	66.5	67.5
17.0	51.3	52.3	53.3	54.3	55.3	56.3	57.3	58.3	59.3	60.3	61.3	62.3	63.3	64.3	65.3	66.3	67.3
17.5	51.1	52.1	53.1	54.1	55.1	56.1	57.1	58.1	59.1	60.1	61.1	62.1	63.1	64.1	65.1	66.1	67.1
18.0	50.9	51.9	52.9	53.9	54.9	55.9	56.9	57.9	58.9	59.9	61.0	62.0	63.0	64.0	65.0	66.0	67.0
18.5	50.7	51.7	52.7	53.7	54.7	55.7	56.7	57.7	58.7	59.7	60.8	61.8	62.8	63.8	64.8	65.8	66.8
19.0	50.6	51.6	52.6	53.6	54.6	55.6	56.6	57.6	58.6	59.6	60.6	61.6	62.7	63.7	64.7	65.7	66.7
19.5	50.4	51.4	52.4	53.4	54.4	55.4	56.4	57.4	58.4	59.4	60.4	61.4	62.5	63.5	64.5	65.5	66.5
20.0	50.2	51.2	52.2	53.2	54.2	55.2	56.2	57.2	58.2	59.2	60.3	61.3	62.3	63.3	64.3	65.4	66.4
20.5	50.0	51.0	52.0	53.0	54.0	55.0	56.0	57.0	58.0	59.0	60.1	61.1	62.1	63.1	64.1	65.2	66.2
21.0	49.8	50.8	51.8	52.9	53.9	54.9	55.9	56.9	57.9	58.9	59.9	61.0	62.0	63.0	64.0	65.0	66.0
21.5	49.6	50.6	51.6	52.7	53.7	54.7	55.7	56.7	57.7	58.7	59.7	60.8	61.8	62.8	63.8	64.8	65.8
22.0	49.4	50.4	51.4	52.5	53.5	54.5	55.5	56.5	57.5	58.5	59.5	60.6	61.6	62.7	63.7	64.7	65.7
22.5	49.2	50.2	51.2	52.3	53.3	54.3	55.3	56.3	57.3	58.3	59.3	60.4	61.4	62.5	63.5	64.5	65.5
23.0	49.1	50.1	51.1	52.1	53.1	54.1	55.1	56.1	57.1	58.1	59.2	60.2	61.3	62.3	63.3	64.3	65.4
23.5	48.9	49.9	50.9	51.9	52.9	53.9	54.9	55.9	56.9	57.9	59.0	60.0	61.1	62.1	63.1	64.1	65.2
24.0	48.7	49.7	50.7	51.8	52.8	53.8	54.8	55.8	56.8	57.8	58.9	59.9	61.0	62.0	63.0	64.0	65.0
24.5	48.5	49.5	50.5	51.6	52.6	53.6	54.6	55.6	56.6	57.6	58.7	59.7	60.8	61.8	62.8	63.8	64.8
25.0	48.3	49.3	50.3	51.4	52.4	53.4	54.4	55.5	56.5	57.5	58.5	59.5	60.6	61.6	62.6	63.7	64.7

温度	酒精成分（容量％）																
℃	69.0	70.0	71.0	72.0	73.0	74.0	75.0	76.0	77.0	78.0	79.0	80.0	81.0	82.0	83.0	84.0	85.0
5.0	72.2	73.1	74.1	75.0	76.0	77.0	78.0	79.0	80.0	81.0	81.9	82.9	83.9	84.8	85.8	86.7	87.7
5.5	72.0	72.9	73.9	74.8	75.8	76.8	77.8	78.8	79.8	80.8	81.7	82.7	83.7	84.6	85.6	86.6	87.5
6.0	71.9	72.8	73.8	74.7	75.7	76.7	77.7	78.7	79.7	80.7	81.6	82.6	83.6	84.5	85.5	86.5	87.4
6.5	71.7	72.6	73.6	74.5	75.5	76.5	77.5	78.5	79.5	80.5	81.5	82.4	83.4	84.3	85.3	86.3	87.3
7.0	71.5	72.5	73.5	74.4	75.4	76.4	77.4	78.4	79.4	80.4	81.4	82.3	83.3	84.2	85.2	86.2	87.2
7.5	71.3	72.3	73.3	74.2	75.2	76.2	77.2	78.2	79.2	80.2	81.2	82.1	83.1	84.1	85.1	86.0	87.0
8.0	71.2	72.2	73.2	74.1	75.1	76.1	77.1	78.1	79.1	80.1	81.1	82.0	83.0	84.0	85.0	85.9	86.9
8.5	71.0	72.0	73.0	73.9	74.9	75.9	76.9	77.9	78.9	79.9	80.9	81.8	82.8	83.8	84.8	85.8	86.7
9.0	70.9	71.9	72.9	73.8	74.8	75.8	76.8	77.8	78.8	79.8	80.8	81.7	82.7	83.7	84.7	85.7	86.6
9.5	70.7	71.7	72.7	73.6	74.6	75.6	76.6	77.6	78.6	79.6	80.6	81.6	82.5	83.5	84.5	85.5	86.5
10.0	70.6	71.6	72.6	73.5	74.5	75.5	76.5	77.5	78.5	79.5	80.5	81.5	82.4	83.4	84.4	85.4	86.4
10.5	70.4	71.4	72.4	73.3	74.3	75.3	76.3	77.3	78.3	79.3	80.3	81.3	82.3	83.2	84.2	85.2	86.2
11.0	70.3	71.3	72.3	73.2	74.2	75.2	76.2	77.2	78.2	79.2	80.2	81.2	82.2	83.1	84.1	85.1	86.1
11.5	70.1	71.1	72.1	73.0	74.0	75.0	76.0	77.0	78.0	79.0	80.0	81.0	82.0	83.0	84.0	85.0	86.0
12.0	70.0	71.0	72.0	72.9	73.9	74.9	75.9	76.9	77.9	78.9	79.9	80.9	81.9	82.9	83.9	84.9	85.8
12.5	69.8	70.8	71.8	72.7	73.7	74.7	75.7	76.7	77.7	78.7	79.7	80.7	81.7	82.7	83.7	84.7	85.7
13.0	69.6	70.6	71.6	72.6	73.6	74.6	75.6	76.6	77.6	78.6	79.6	80.6	81.6	82.6	83.6	84.6	85.6
13.5	69.4	70.4	71.4	72.4	73.4	74.4	75.4	76.4	77.4	78.4	79.4	80.4	81.4	82.4	83.4	84.4	85.4
14.0	69.3	70.3	71.3	72.3	73.3	74.3	75.3	76.3	77.3	78.3	79.3	80.3	81.3	82.3	83.3	84.3	85.3
14.5	69.1	70.1	71.1	72.1	73.1	74.1	75.1	76.1	77.1	78.1	79.1	80.1	81.1	82.1	83.1	84.1	85.1
15.0	69.0	70.0	71.0	72.0	73.0	74.0	75.0	76.0	77.0	78.0	79.0	80.0	81.0	82.0	83.0	84.0	85.0
15.5	68.8	69.8	70.8	71.8	72.8	73.8	74.8	75.8	76.8	77.8	78.8	79.8	80.8	81.8	82.8	83.8	84.8
16.0	68.7	69.7	70.7	71.7	72.7	73.7	74.7	75.7	76.7	77.7	78.7	79.7	80.7	81.7	82.7	83.7	84.7
16.5	68.5	69.5	70.5	71.5	72.5	73.5	74.5	75.5	76.5	77.5	78.5	79.5	80.5	81.5	82.5	83.5	84.5
17.0	68.3	69.3	70.3	71.3	72.3	73.3	74.3	75.4	76.4	77.4	78.4	79.4	80.4	81.4	82.4	83.4	84.4
17.5	68.1	69.1	70.1	71.1	72.1	73.1	74.1	75.2	76.2	77.2	78.2	79.2	80.2	81.2	82.2	83.2	84.2
18.0	68.0	69.0	70.0	71.0	72.0	73.0	74.0	75.1	76.1	77.1	78.1	79.1	80.1	81.1	82.1	83.1	84.1
18.5	67.8	68.8	69.8	70.8	71.8	72.8	73.8	74.9	75.9	76.9	77.9	78.9	79.9	80.9	82.0	83.0	84.0
19.0	67.7	68.7	69.7	70.7	71.7	72.7	73.7	74.7	75.8	76.8	77.8	78.8	79.8	80.8	81.9	82.9	83.9
19.5	67.5	68.5	69.5	70.5	71.5	72.5	73.5	74.5	75.6	76.6	77.6	78.6	79.6	80.6	81.7	82.7	83.7
20.0	67.4	68.4	69.4	70.4	71.4	72.4	73.4	74.4	75.5	76.5	77.5	78.5	79.5	80.5	81.6	82.6	83.6
20.5	67.2	68.2	69.2	70.2	71.2	72.2	73.2	74.2	75.3	76.3	77.3	78.3	79.3	80.3	81.4	82.4	83.4
21.0	67.0	68.1	69.1	70.1	71.1	72.1	73.1	74.1	75.2	76.2	77.2	78.2	79.2	80.2	81.3	82.3	83.3
21.5	66.8	67.9	68.9	69.9	70.9	71.9	72.9	73.9	75.0	76.0	77.0	78.0	79.0	80.0	81.1	82.1	83.1
22.0	66.7	67.8	68.8	69.8	70.8	71.8	72.8	73.8	74.8	75.9	76.9	77.9	78.9	79.9	81.0	82.0	83.0
22.5	66.5	67.6	68.6	69.6	70.6	71.6	72.6	73.6	74.6	75.7	76.7	77.7	78.7	79.7	80.8	81.8	82.8
23.0	66.4	67.4	68.4	69.4	70.5	71.5	72.5	73.5	74.5	75.5	76.6	77.6	78.6	79.6	80.7	81.7	82.7
23.5	66.2	67.2	68.2	69.2	70.3	71.3	72.3	73.3	74.3	75.3	76.4	77.4	78.4	79.4	80.5	81.5	82.5
24.0	66.0	67.1	68.1	69.1	70.1	71.2	72.2	73.2	74.2	75.2	76.3	77.3	78.3	79.3	80.4	81.4	82.4
24.5	65.8	66.9	67.9	68.9	69.9	71.0	72.0	73.0	74.0	75.0	76.1	77.1	78.1	79.1	80.2	81.2	82.3
25.0	65.7	66.7	67.8	68.8	69.8	70.8	71.8	72.9	73.9	74.9	76.0	77.0	78.0	79.0	80.1	81.1	82.2

208

温度	酒精成分（容量％）														
℃	86.0	87.0	88.0	89.0	90.0	91.0	92.0	93.0	94.0	95.0	96.0	97.0	98.0	99.0	100.0
5.0	88.6	89.6	90.5	91.5	92.4	93.4	94.3	95.2	96.1	97.0	97.9	98.8	99.7		
5.5	88.5	89.4	90.3	91.3	92.3	93.2	94.2	95.1	96.0	96.9	97.8	98.7	99.6		
6.0	88.4	89.3	90.2	91.2	92.2	93.1	94.1	95.0	95.9	96.8	97.8	98.7	99.6		
6.5	88.2	89.2	90.1	91.1	92.1	93.0	94.0	94.9	95.8	96.7	97.7	98.6	99.5		
7.0	88.1	89.1	90.0	91.0	92.0	92.9	93.9	94.8	95.7	96.6	97.6	98.5	99.4		
7.5	88.0	88.9	89.9	90.8	91.8	92.8	93.7	94.7	95.6	96.5	97.5	98.4	99.3		
8.0	87.9	88.8	89.8	90.7	91.7	92.7	93.6	94.6	95.5	96.4	97.4	98.3	99.2		
8.5	87.7	88.7	89.6	90.6	91.6	92.6	93.5	94.5	95.4	96.3	97.3	98.2	99.1		
9.0	87.6	88.6	89.5	90.5	91.5	92.5	93.4	94.4	95.3	96.2	97.2	98.1	99.0	100.0	
9.5	87.5	88.5	89.4	90.3	91.3	92.3	93.3	94.3	95.2	96.1	97.1	98.0	98.9	99.9	
10.0	87.4	88.3	89.3	90.2	91.2	92.2	93.2	94.2	95.1	96.0	97.0	98.0	98.9	99.9	
10.5	87.2	88.1	89.1	90.1	91.1	92.1	93.0	94.0	95.0	95.9	96.9	97.9	98.8	99.8	
11.0	87.1	88.0	89.0	90.0	91.0	92.0	92.9	93.9	94.9	95.8	96.8	97.8	98.7	99.7	
11.5	86.9	87.9	88.8	89.8	90.8	91.8	92.8	93.8	94.8	95.7	96.7	97.7	98.6	99.6	
12.0	86.8	87.8	88.7	89.7	90.7	91.7	92.7	93.7	94.7	95.6	96.6	97.6	98.5	99.5	
12.5	86.6	87.6	88.6	89.6	90.6	91.6	92.6	93.6	94.5	95.5	96.5	97.5	98.4	99.4	
13.0	86.5	87.5	88.5	89.5	90.5	91.5	92.5	93.5	94.4	95.4	96.4	97.4	98.4	99.3	
13.5	86.4	87.4	88.4	89.3	90.3	91.3	92.3	93.3	94.3	95.3	96.3	97.3	98.3	99.2	
14.0	86.3	87.3	88.3	89.2	90.2	91.2	92.2	93.2	94.2	95.2	96.2	97.2	98.2	99.2	
14.5	86.1	87.1	88.1	89.1	90.1	91.1	92.1	93.1	94.1	95.1	96.1	97.1	98.1	99.1	
15.0	86.0	87.0	88.0	89.0	90.0	91.0	92.0	93.0	94.0	95.0	96.0	97.0	98.0	99.0	100.0
15.5	85.8	86.8	87.8	88.8	89.8	90.9	91.9	92.9	93.9	94.9	95.9	96.9	97.9	98.9	99.9
16.0	85.7	86.7	87.7	88.7	89.7	90.8	91.8	92.8	93.8	94.8	95.8	96.8	97.8	98.8	99.8
16.5	85.5	86.5	87.5	88.5	89.6	90.6	91.6	92.7	93.7	94.7	95.7	96.7	97.7	98.7	99.7
17.0	85.4	86.4	87.4	88.4	89.5	90.5	91.5	92.6	93.6	94.6	95.6	96.6	97.6	98.7	99.7
17.5	85.3	86.3	87.3	88.3	89.3	90.3	91.4	92.4	93.4	94.4	95.5	96.5	97.5	98.6	99.6
18.0	85.2	86.2	87.2	88.2	89.2	90.2	91.3	92.3	93.3	94.3	95.4	96.4	97.4	98.5	99.5
18.5	85.0	86.0	87.0	88.0	89.0	90.1	91.2	92.2	93.2	94.2	95.3	96.3	97.3	98.4	99.4
19.0	84.9	85.9	86.9	87.9	88.9	90.0	91.1	92.1	93.1	94.1	95.2	96.2	97.3	98.3	99.3
19.5	84.7	85.7	86.7	87.8	88.8	89.8	90.9	91.9	93.0	94.0	95.1	96.1	97.2	98.2	99.2
20.0	84.6	85.6	86.6	87.7	88.7	89.7	90.8	91.8	92.9	93.9	95.0	96.0	97.1	98.1	99.1
20.5	84.4	85.4	86.5	87.5	88.5	89.6	90.6	91.7	92.7	93.8	94.8	95.9	97.0	98.0	99.0
21.0	84.3	85.3	86.4	87.4	88.4	89.5	90.5	91.6	92.6	93.7	94.7	95.8	96.9	97.9	99.0
21.5	84.1	85.1	86.2	87.2	88.2	89.3	90.3	91.4	92.5	93.5	94.6	95.7	96.8	97.8	98.9
22.0	84.0	85.0	86.1	87.1	88.1	89.2	90.2	91.3	92.4	93.4	94.5	95.6	96.7	97.7	98.8
22.5	83.9	84.9	85.9	86.9	88.0	89.1	90.1	91.2	92.2	93.3	94.4	95.5	96.6	97.6	98.7
23.0	83.8	84.8	85.8	86.8	87.9	89.0	90.0	91.1	92.1	93.2	94.3	95.4	96.5	97.5	98.6
23.5	83.6	84.6	85.6	86.6	87.7	88.8	89.8	90.9	92.0	93.1	94.2	95.3	96.3	97.4	98.5
24.0	83.5	84.5	85.5	86.5	87.6	88.7	89.7	90.8	91.9	93.0	94.1	95.2	96.2	97.3	98.4
24.5	83.3	84.3	85.3	86.4	87.5	88.5	89.6	90.7	91.7	92.8	93.9	95.0	96.1	97.2	98.3
25.0	83.2	84.2	85.2	86.3	87.4	88.4	89.5	90.6	91.6	92.7	93.8	94.9	96.0	97.1	98.2

210   漉酒